闯入太空

——高科技与航天

黄明哲 主编

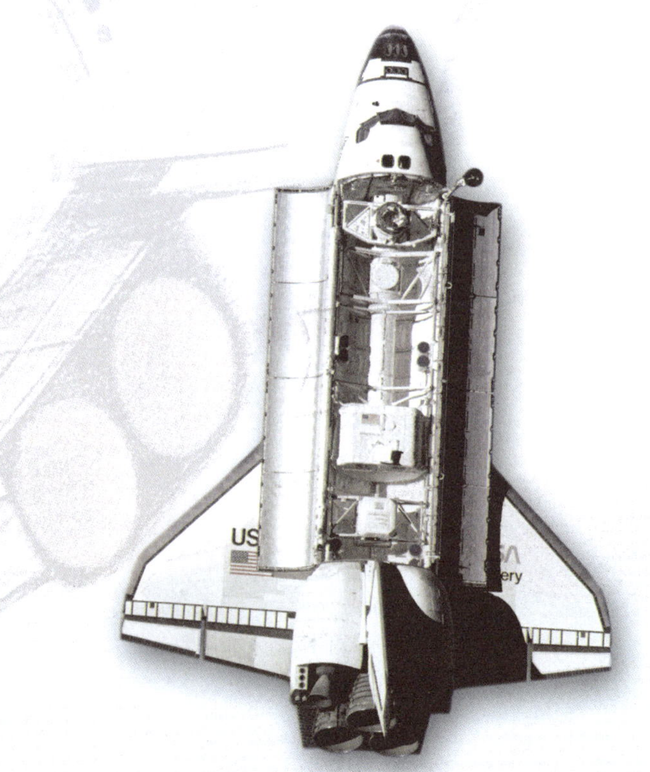

中国科学技术出版社
·北 京·

图书在版编目(CIP)数据

闯入太空：高科技与航天/黄明哲主编.--北京：中国科学技术出版社，2013.1（2019.9重印）

（科普热点）

ISBN 978-7-5046-5756-5

Ⅰ.①闯… Ⅱ.①黄… Ⅲ.①高技术-应用-航天工程-普及读物 Ⅳ.①V4-49

中国版本图书馆CIP数据核字（2011）第005550号

中国科学技术出版社出版

北京市海淀区中关村南大街16号 邮政编码:100081

电话:010-62173865 传真:010-62173081

http://www.cspbooks.com.cn

中国科学技术出版社有限公司发行部发行

莱芜市凤城印务有限公司印刷

*

开本:700毫米×1000毫米 1/16 印张:10 字数:200千字

2013年1月第2版 2019年9月第2次印刷

ISBN 978-7-5046-5756-5/V·56

印数:10001－30 000册 定价:29.90元

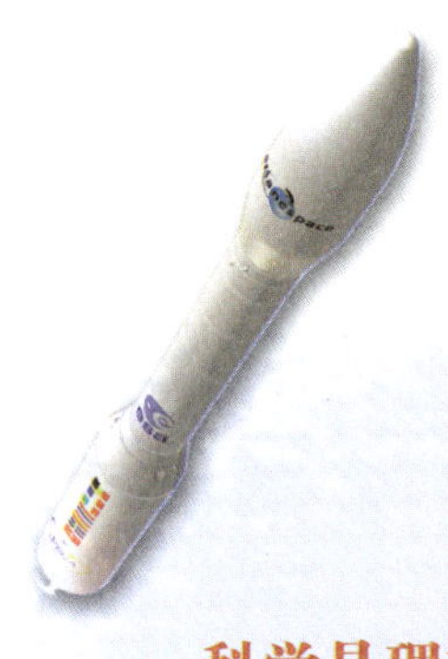

前 言

科学是理想的灯塔！

她是好奇的孩子，飞上了月亮，又飞向火星；观测了银河，还要观测宇宙的边际。

她是智慧的母亲，挺身抗击灾害，究极天地自然，检测地震海啸，防患于未然。

她是伟大的造梦师，在大银幕上排山倒海、星际大战，让古老的魔杖幻化耀眼的光芒……

科学助推心智的成长！

电脑延伸大脑，网络提升生活，人类正走向虚拟生存。

进化路漫漫，基因中微小的差异，化作生命形态的千差万别，我们都是幸运儿。

穿越时空，科学使木乃伊说出了千年前的故事，寻找恐龙的后裔，复原珍贵的文物，重现失落的文明。

科学与人文联手，人类变得更加睿智，与自然和谐，走向可持续发展……

《科普热点》丛书全面展示宇宙、航天、网络、影视、基因、考古等最新科技进展，邀您驶入实现理想的快车道，畅享心智成长的科学之旅！

作 者

2011年3月

《科普热点》丛书编委会

策划编辑 肖叶 齐宇
责任编辑 邓文 齐宇
封面设计 阳光
责任校对 王勤杰
责任印制 李晓霖

目 录

第一篇
探寻未知的世界

四维上下，古往今来

神秘的宇宙

抬头仰望星空，一眼望不到边，看到的是深邃的蓝天、飘逸的白云以及眨眼睛的星星，看到的是浩瀚的天空，茫茫的宇宙，然而在这辽远与深邃后面究竟隐藏着怎样的秘密呢？

光年是长度单位，指光在一年时间中行走的距离，常用来计量很大的距离，如天文领域。一光年约九万四千六百亿千米（或五万八千八百亿英里）。而更正式的定义为：在365.25日的时间内，在自由空间以及距离任何引力场或磁场无限远的地方，一光子所行走的距离即为一光年。

古人云："天地四方曰宇，往古来今曰宙。"这里的"宇"即指空间，"宙"则指时间，合在一起的"宇宙"便指客观世界所存在的一切事物。哲学的观点认为宇宙是无始无终、无边无际的，而人们通常讲的宇宙则是指用现有的科学技术所能了解和观测到的区域，宇宙也被称为"太空"或"总星系"。

根据最新的观测报道，现在人们能观测到的最远的星系距离地球约有129亿光年。也就是说，如果有一束光以30万千米/秒的速度从地球射出，则要经过极其漫长的129亿光年才能到达该星系。显然，它对于我们来说实在是太遥远太遥远了。

一般来说，今天我们所知道的"宇宙"，是指以地球为中心，以129亿光年的距离为半径，形成的一个范围广阔的球形空间。为了便于观测和研究"我们的宇宙"，天文学家们又将其划分为：近地、月地、行星际和星际空间四个范围。

“近地空间”是指地球附近的宇宙空间，它的范围大致包括从地球大气层顶部，一直到距地面大约36000千米的同步卫星轨道之间的空间。这是人类进行航天活动的重点区域，大量的人造卫星、航天飞机和空间站都活动在该区域中。

“月地空间”是比近地空间更远一些的宇宙空间，即月球到地球之间的空间。这是人类自身目前能够到达的空间范围。

▼ 航天飞机在近地空间活动

"先驱者"号

"先驱者"号探测器是美国发射的行星和行星际探测器系列之一，用来探测地球与月球之间的空间，金星、木星、土星等行星及其行星际空间。较著名的有"先驱者10"号，它是以探测木星为主要责任的，而之后还有"先驱者11"号则是以探测土星为主要任务。

行星际空间是指太阳系范围内各行星之间的空间。尽管人们目前还没有完全突破月地空间的限制，但人们所制造的一些宇宙飞船，早已突破这一极限，在行星际空间遨游。在太阳系的广阔范围内活动，只是人类了解宇宙所迈出的一小步。而冲出太阳系，到银河系和与银河系一样的河外星系去活动，则是人类的梦想。

"星际空间"就是上面所说的太阳系之外的空间。迄今为止，只有"先驱者"号和"旅行者 "号探测器飞出了太阳系，进入了星际空间。

宇宙直观上讲有多大呢？就飞出太阳系的"先驱者"号和"旅行者"号探测器来讲，它们只是越过太阳系中最远的冥王星的轨道，其轨道半径仅为60亿千米。如果太阳系的边界以太阳风所影响的范围来计算，太阳系的半径约为 135亿~180亿千米，从这个意义上讲，这些探测器大约才飞过太阳系将近一半的距离。如果以太阳的引力所及来说，其半径达15万亿千米，那么，上述探测器的飞行距离还差得很远很远。即使它们能掠过近距离的恒星，那也是几十万年以后的事情了。人类到太阳系以外的星际空间航行，充满了巨大的困难，需要几代、甚至几十代人持续不断地付出艰苦的努力。

宇宙就是这样神秘而且浩瀚，我们研究它的脚步将不会停止。

▲ 先驱者号探测器

航天技术，魅力无穷

人类将继续探索太阳系其他行星

面对着浩瀚、神秘的太空，我们除了抬头仰望之外，怎么才能接近它呢？有一种技术能帮助我们走向太空、了解宇宙，它就是航天技术。掌握了这项技术，太空对于我们来说也许不再遥远。

千百年来，深邃的太空引起人类无限的遐想，并流传着人类奔向宇宙的美丽神话和传说。然而，人类从诞生那天起，只能站在地球上仰望庄严和神奇的太空，猜测它的内涵和奥秘。人们多么渴望认识和了解那遥远而神秘的苍茫天穹啊!

20世纪中叶，作为这个世纪最伟大的科学技术成果之一，航天技术推开了宇宙之门，使人类奔向太空的梦想终于变成了现实。从此，人类探索太空的历史揭开了新的辉煌的一页。

航天技术的蓬勃发展，使人们更热切地渴求到无垠的宇宙中去遨游、去探索、去开拓。于是，便有了各种穿梭于近地空间的宇宙飞船和航天飞机；有了激动人心的“阿波罗登月计划”；也有了对太阳系各天体的寻访；还有迈向更遥远太空的“先驱者”号和“旅行者”号……

"阿波罗"登月计划

航天技术给人类社会的政治、经济、军事等诸方面带来了深刻的变革，意义非凡。如今，让航天技术造福于人类，服务于人类，已成为21世纪人类航天活动的主旋律。而且人们早已有了自己的"30年计划"。

太空港是21世纪初，人类将在近地轨道、围绕月球和火星轨道，以及在缔约系统中的自由点上陆续建成空间港，作为空间客运的转运站。其间将有巡天飞船常年巡回飞行，又有转运飞船像摆渡船一样在空间港与巡天飞船之间接货物和人员

在未来的30年内，数量更多、用途更广、寿命更长的各类人造卫星将不断升空。据不完全统计，世界各国计划在今后10年内，将先后发射1000余颗通信、气象、资源等人造卫星。利用人造卫星导航和建立全球综合信息网的巨大工程，将给人类的经济建设和军事活动带来重大影响。

在未来的30年内，太空港将建成。人类将实现太空工业化、商业化、人类化的目标，利用太空资源关于宇宙大爆炸，它是天体起源理论的一种，该理论认为宇宙形成的最初一段时间经历了巨大的动荡，类似于爆炸。在这个初始状态下，宇宙的密度和温度都极高，并且蕴含极大的能量且有可能进一步膨胀。根据这一理论，乔治·伽莫夫在1948年预测了宇宙微波背景辐射的存在。

的各种新型企业将大量涌现。到那时，地球就不再是人类唯一的栖身之地，人类利用空间资源、实现外星居住的梦想终将成真。

在未来的30年内，人类将一如既往地揭示宇宙及生命的起源、存在和未来，寻找“外星人” ，继续探测月球、金星、火星、天王星、海王星等。这些活动，将有助于人类了解宇宙是如何从大爆炸的热气体演变成今天的银河系、仙女星系等千万个星系的，明白人类是不是宇宙中的唯一，解开众多有关宇宙的未解之谜。

在未来的30年内，往返于地球与低地球轨道之间的货运飞船、客运飞船将开始运行；月球前哨站和在月球上生产火箭推进剂的工厂将开始运行；飞往太阳系外的核发电高能飞船将开始运行；巡天飞船将进行首航，开辟地球轨道与火星轨道之间连续客运的通道；将建成第一个火星资源开发基地，提供氧、水、食物、材料和火箭推进剂……

▼ 国际空间站的一角

在21世纪的太空时代，航天技术将为人类描绘出一幅五彩纷呈的画卷，吸引着人类向茫茫太空挺进。

第二篇
进入宇宙的“航天大使”

"火箭天梯"如何升空

小时候，我们都玩过扔石子，比谁扔得远。那些力气大的总是扔得又高又远，让我们羡慕不已。但不论他们扔得多么高、多么远，石子总会落到地面上。那么有没有人或者机器有足够大的力气，能使抛出去的物体不再回到地面上呢？发动机的电火箭系列，完成了从实验室到空间应用的过渡。

运载火箭推进器

晴朗的夏夜，繁星点点，当人们凝望着浩渺无垠的天幕时，无不梦想着有朝一日能到太空中生活和工作；能到遥远的行星上旅行；能与宇宙中的"人类"不期而遇……

然而，实现这一切都需要一种高速度、低成本的登天的“天梯”——火箭，那么，在怎样的条件下人类才能通过“天梯”进入太空呢？

大家知道，如果要让物体飞向空中而不落回地面，即摆脱地球引力而飞离地球，必须具有相当大的速度。月球与地球之间也有引力，月球之所以不会落到地球上来，是因为月球是在绕着地球转，当它旋转时所产生的离心力足以抗衡地心引力时，它就不会掉

在这三个宇宙速度之外，还有一个第四宇宙速度，是指在地球上发射的物体摆脱银河系引力束缚，飞出银河系所需的最小初始速度。但由于人们尚未知道银河系的准确大小与质量，因此只能粗略估算，其数值为 110~120 千米 / 秒。而实际上，仍然没有航天器能够达到这个速度。目前世界上最快的量产车速度为 437 千米 / 小时，约合 0.12 千米 / 秒。想要在宇宙中获得更高的速度是一件非常困难的事，需要科学家不懈的努力。

火箭升空

火箭最早出现在中国，人们把装有火药的筒绑在箭杆上，或在箭杆内装上火药，点燃引火线后射出去，箭在飞行中借助火药燃烧向后喷火所产生的反作用力使箭飞得更远，人们把这种喷火的箭叫做火箭。这种火箭已具有现代火箭的雏形，可以称之为原始的固体火箭。早期火箭主要用于战争。也有人有科学的探索精神和勇气。明朝有一个叫万户的人将47支大型火箭绑在椅子上，同时点燃，利用反推原理飞上太空，但最后以失败告终。这是可考的世界第一次载人火箭发射。

到地球上了。据此，宇宙航行是靠速度来实现的。

当运载火箭达到7.9千米/秒的速度时，我们称之为 第一宇宙速度，又称环绕速度，这时，它才能环绕地球飞行而不落回地面。当运载火箭的速度超过7.9千米/秒并小于11.2千米/秒时，它仍会绕地球转，但其轨道将不是圆形而成椭圆形，地球处于椭圆的其中的一个焦点上。速度越大，椭圆就拉得越高。当速度达到11.2千米/秒时，这个椭圆就张开"嘴"合不拢了。也就是说，火箭将摆脱地球的束缚，飞向行星际空间，在太阳系范围内活动。因此 ，11.2千米/秒这个速度被人们称为第二宇宙速度，又称逃逸速度。

当运载火箭达到16.7千米/秒的速度时，就能彻底冲破太阳的束缚，飞出太阳系，进入广阔的星际空间，这就是第三宇宙速度，即太阳的逃逸速度。

我们熟知的牛郎星和织女星与地球分别相距16.63光年和26.3光年。假如宇宙飞船以16 .7千米/秒的第三宇宙速度航行，到牛郎星和织女星的时间分别为32万年和46万年。显然，目前航天领域所使用的火箭是无能为力的，人们要飞出太阳系，必须使火箭的速度和能量在目前基础上有千万倍的提高。

由于目前的运载火箭采用化学燃料作为推进剂，加大了火箭的起飞重量。若依靠这种火箭冲出太阳系去进行星际航行，进行长时间的太空飞行，显然是不可能的。而且，当前的运载火箭是一次性的，往返飞行的费用很大。

要实现天地之间方便地往返和长时间的宇宙航行，必须减轻火箭的重量，用新的燃料做推进剂，以提高飞行速度。因此，研制能重复使用的运载火箭和新的推进剂，探索新的太空运输方式，既是摆在航天事业面前的难题，又是航天事业发展的关键。

目前的运载火箭采用化学燃料作为推进剂

火箭家族的成员

现代火箭之父：罗伯特·高达德

自罗伯特·高达德发明出第一枚现代火箭以来，经过科学家们的不懈努力，研制出一代又一代的火箭，这使得火箭的家族不断壮大。人类飞天早已不是梦想，现在要做的就是如何使得飞天变得更容易。

在这些常规的火箭之外，科学家提出了新的设想：反物质火箭。它利用物质和反物质相遇湮灭产生的能量推进火箭。反物质火箭发动机所需要携带的燃料比核火箭发动机所需要的物质还要少，但是反物质太难获得也太危险，所以这种发动机现在也只处于理论阶段。

在火箭的这个大家族里，存在着各式各样的成员。它们有的年龄偏大，技术成熟，就像化学火箭，现在运载火箭主要用的就是化学火箭；有的年龄很小，技术尚不成熟，但是有着广阔的发展前景，比如核火箭、光子火箭等。

火箭按照使用能源的不同，可以分为化学火箭、电子火箭、核火箭以及光子火箭等；火箭按照用途可以分为卫星运载火箭、布雷火箭、气象火箭、防雹火箭以及各类军用火箭等；按有无控制分为有控火箭和无控火箭；按级数分为单级火箭和多级火箭；按射程分为近程火箭、中程火箭和远程火箭等。

目前常用的运载火箭按其所用的推进剂来分，可分为固体火箭、液体火箭和固液混合型火箭三种类型。我国的“长征三”号运载火箭就是一种三级液体火箭；“长征一”号运载火箭则是一种固液混合型的三级火箭，其第一级、第二级是液体火箭，第三级是固体火箭；美国的“飞马座”运载火箭则是一种三级固体火箭。

如按级数来分，运载火箭又可分为单级火箭、多级火箭。在这其中，多级火箭按级与级之间的连

▲ 美国的“飞马座”运载火箭

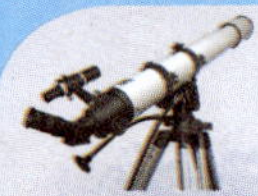

其实火箭只是太空旅行的开始，航天器借助火箭摆脱地球的引力。火箭的能源大多是化学物质，消耗一点就少一点。航天器在太空如何才能获得持续不断的能源呢？太阳能就是很不错的选择。还有科学家提出利用星球之间的引力，把航天器当做一颗小星球，以太阳为中心绕转，通过精确计算使它在运行过程中进入大行星的引力场，从而获得加速。就像链球一样，先让它旋转起来，然后松开手，就飞出去了。这种技术需要精确地计算，极富危险性。

接型式来分，又可分为串联型、并联型（俗称捆绑式）、串并联混合型三种类型。串联型多级火箭级与级之间的连接分离机构简单，但串联后火箭总长较长、火箭的长细比（长度与直径之比）大，给设计带来一定的困难；发射时，这种火箭竖起来后太高，给发射操作带来不便；同时，其上面一级的火箭发动机要在高空点火，点火的可靠性差。

并联型多级火箭采用横向捆绑连接，连接分离机构稍复杂，但其中间芯级第一级火箭采用横向捆绑的火箭可在地面同时点火，我国的“长征二”号运载火箭，就是在中间芯级火箭的周围又捆绑了4枚火箭。这4枚捆上去的火箭习惯上又称助推器。助推器与芯级火箭在地面一起点火，但工作一定时间后先关机，关机后与芯级火箭分离并被抛掉。助推器因在第一级火箭飞行的半路上关机，所以只能算它是半级火箭。发射世界第一颗人造地球卫星的卫星号运载火箭为一级半火箭，而不称它为两级火箭。我国的“长征二号E”运载火箭则是一枚串并联混合型的两级半火箭，其第一级火箭周围捆绑了4枚助推器，在第一级火箭上面又串联了一枚第二级火箭。

科学家目前研究的核能火箭和激光脉冲式火箭，正在试验阶段，相信在不久的将来就能见到以核能为动力的运载火箭。

▲ 并联型运载火箭

一吨重的火箭与一小撮镭

航天之父齐奥尔科夫斯基的纪念铜像

在中国古代的神话中，孙悟空一个筋斗能飞十万八千里，可以说是速度快到了极致。在现实中，百米世界纪录的保持者博尔特也在不断地挑战着人类速度的极限，希望能够使自己奔跑的速度更快。研究火箭的科学家们同样也在努力使宇宙飞船拥有更快的速度。

核火箭存在着很大的隐患。特别是核辐射对航天员健康可能造成威胁。因为核火箭飞船内的辐射量相当于航天员每天做8次X线胸部透视，长期如此会对航天员的身体造成严重的伤害。航天员返回地面后，肌肉量一般会减少30%，骨密度也会下降。

早在20世纪初期，“航天之父”齐奥尔科夫斯基曾说：“一吨重的火箭只要用一小撮镭，就足以挣断与太阳系的一切引力联系。”

为了实现齐奥尔科夫斯基的预言，为了向更遥远的浩瀚宇宙进发，科学家一直都潜心研制那种能长时间高速运行的运载工具——核火箭。

核火箭，就是用原子核裂变或聚变的热能，加热氢等推进剂，使其以高速喷出从而产生动力的运载火箭。利用核能作为火箭的动力装置，如今已不再是幻想。

其实，早在20世纪50年代末，美国科学家就开始了以核脉冲推动火箭前进的研究。当时，设计者们

计划建造一艘“奥利安”号宇宙飞船飞往天狼星。科学家大胆设想，采用核脉冲推进，实际上就是每隔

美国科学家早在20世纪50年代就开始了以核脉冲推动火箭前进的研究

目前，美国科学家詹姆斯·鲍威尔和乔治·梅兹宣称，在10年内将开发出用于未来宇宙航行的探险飞船用的核发动机。美国马歇尔太空飞行中心太空运输研究室负责人约翰·科尔认为有许多美国科学家对核火箭的研制饶有兴趣。核火箭无疑是未来飞行器的发展方向，也是解决宇宙航行动力问题的发展方向之一。这种火箭有望在2020年前后研制成功。到那时，航天旅行将变得更加容易，人们对太空的探索也会进入一个新的阶段。

几秒钟爆炸一颗小型氢弹，用爆炸的冲击波推动火箭前进，其威力足有10万千克黄色炸药那么大。

据悉，如果采用核脉冲推进，10天内就可以将宇宙飞船的速度提高到10000千米/秒，280年就可以到达距地球8.7光年之遥的天狼星。遗憾的是，这一计划目前还处于研究阶段。

到了20世纪70年代，科学家设计了核动力火箭，有两级燃料箱，在零下270℃的低温下，将氦–3等热核反应物质混合制成直径2～4厘米的小球，在第一级燃料箱中放460万千克，在第二级燃料箱中存放40万千克。

在发动机工作时，每秒钟依次向燃烧室发射250颗燃料小球。在第一颗燃料小球射入的时候，喷管周围的几十个电子束发生器射出电子束，一起轰击核燃料小球，氦–3等核燃料发生频率为250次/秒的核聚变反应，瞬间产生巨大的能量，推动火箭高速向前飞行。当第一级火箭工作完毕后会自动脱落，第二级火箭继续工作，这两级火箭可工作近4年的时间，能使火箭达到36000千米/秒的速度。可见，核火箭的速度比化学火箭、电火箭、太阳能火箭的速度要快得多。一般来说，化学火箭到达火星至少要500天的时间，而核火箭只要150天就足够了。然而，用核能来推动火箭，目前尚存在着许多技术难点。其中最关键的是，如何控制核裂变或核聚变的速度，并使其产生的热能去加热介质氢，使氢加热到几千摄氏度的高温后高速喷出。

安全问题也是应用核火箭面临的一个难题。如何保护宇航员的生命安全及火箭、飞船等各种设备的正常工作；如何防御突然遇到的撞击；核火箭返回着陆时，会不会引起核爆炸等，这都是人们普遍关心的问题。

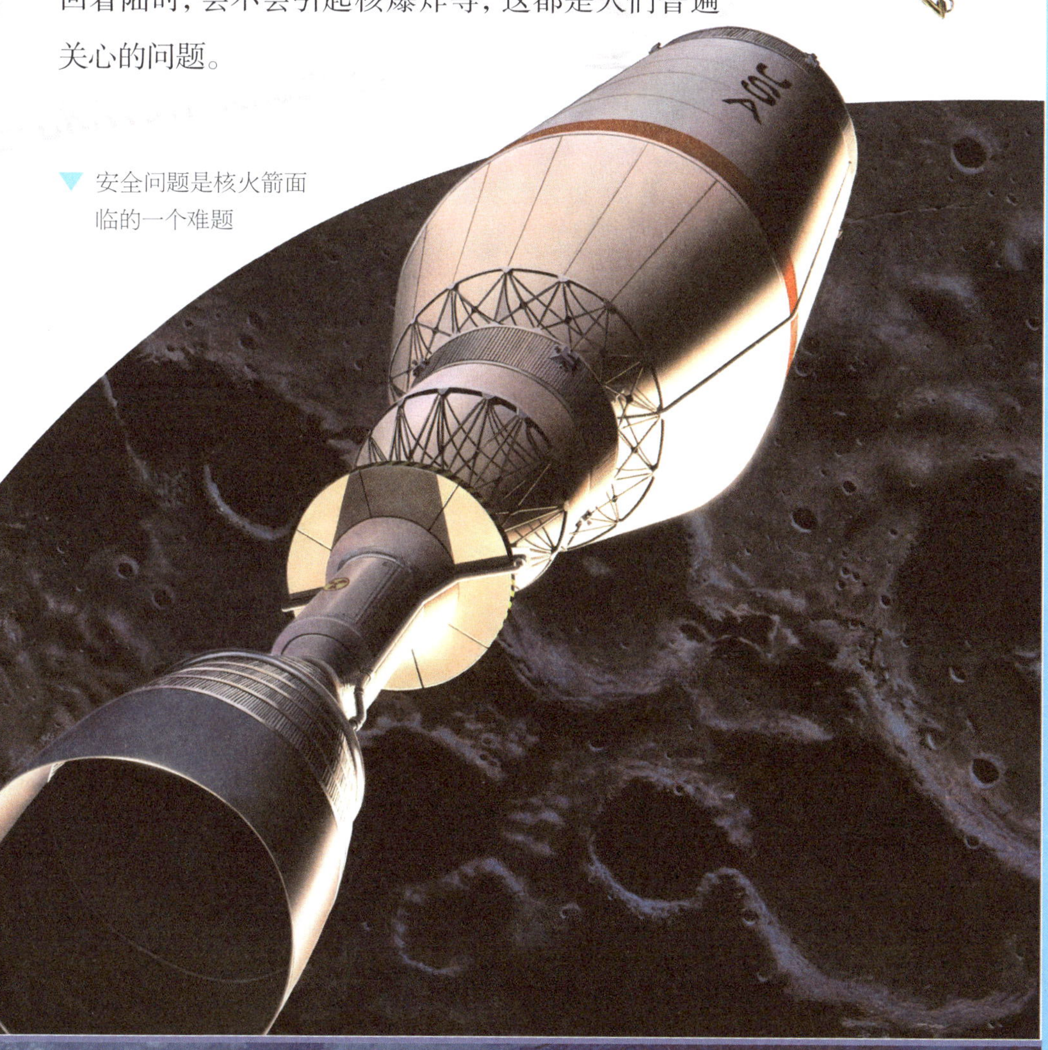

安全问题是核火箭面临的一个难题

火箭中的“屎壳郎”

电火箭不能用于地面起飞的运载火箭

约在100年前，齐奥尔科夫斯基和戈达德等人就提出了利用电能产生并加速带电粒子以获得高喷气速度的概念。经过多年的发展，目前已经形成了具有三大类(电热、电磁和静电)十余种发动机的电火箭系列。完成了从实验室到空间应用的过渡。

在1982年1月，我国第一次成功地进行了电火箭的空间飞行试验。这次试验的成功，标志着我国电火箭的研制工作已经进入了一个新阶段，使我国在继美、苏、日后，有了一种新型空间微推力火箭发动机。

电火箭是一种利用发电机产生电能，以电子形式释放出来，并在加速器中得到加速，最后从火箭尾部喷出产生推力的火箭。其作用是调整太空中的卫星或宇宙飞船的运行速度和姿态。

科学家告诉我们，卫星等航天器由于受到太阳和月球的引力作用，往往会改变运行轨道，甚至忽东忽西，飘移不定。因此，科学家就在航天器上装有许多电火箭，哪里有偏差，哪里的电火箭就点燃，迅速调整航天器的正确运行姿态。

电火箭与常规火箭相比，没有庞大的身躯，就像一台小小的电子仪器，其推力也小得多。因此，电火箭只能负担空间推进任务，不能用于地面起飞的运载火箭。

通常，常规火箭的推力可达30兆牛，这个巨大的能量可将成千上万吨重的航天器送入太空。而一般的电火箭，由于电子的质量很小，它所产生的推力也就十分微弱，往往只有1/50牛。这种力量在地球上仅能托起一只乒乓球，与常规火箭相比，显得非常渺小。

不过，对于在太空中处于失重状态下的航天器来说，这个微弱的力足以推动其前行或移动了。

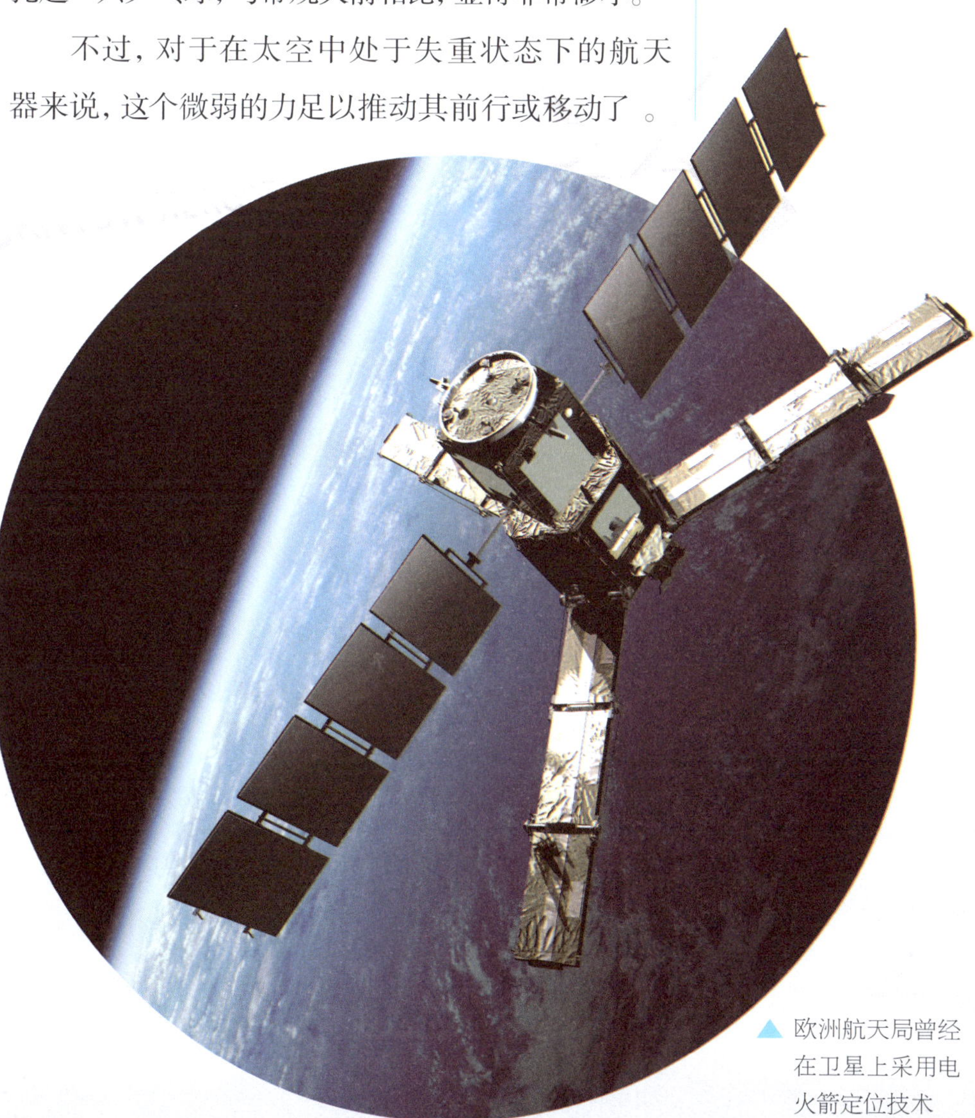

▲欧洲航天局曾经在卫星上采用电火箭定位技术

1998 年 10 月 24 日，美国发射了“深空 1”号探测器，“深空 1”号的动力系统就是利用电子撞击氙气的原子而产生动力的离子发动机，也就是我们说的电火箭。这种发动机的特点是质量小、寿命长。虽然推力很小，但是经过长时间的加速，也可以使航天器达到较高的速度。“深空 1”号试验了 10 多项宇宙飞船的前沿技术，其中包括一个新型的离子发动机，并且在 NASA 推进实验室的控制下对一个小行星和一个彗星进行了拍照。2001 年 12 月 18 日结束了它为期 3 年的使命。

1968年，美国首次将一组4个彼此相差90°的微型电火箭安装在一个同步卫星上。尽管这些电火箭只能产生很小的推力，但在几乎没有什么阻力的太空，它足以保证同步卫星的正确运行。

电火箭定位的精确度也令人吃惊。欧洲航天局在2000年发射的6颗卫星上，全部采用了电火箭定位技术，它们在相隔500万千米的距离上，位置精确度却达到了1厘米。如此高精度的技术的确令人折服。

另外，电火箭还可用于卫星的变轨飞行。例如，可将卫星从数百千米的高度提高到36000千米的同步轨道上，它还可以推动飞船向更遥远的星际进发。

电火箭按电能的推进剂不同，可分为电热系统、静电系统和电磁系统三类。与燃料消耗大、寿命短的化学火箭相比，使用电能推进剂的电火箭几乎不用担心推进剂用尽的问题，它可以长时间地连续运行。另外，电火箭还有能多次启动和控制的优点。

电火箭推进技术的高比冲、小推力、长寿命等特点，正适合航天器对空间推进系统提出的高速飞行、长期可靠工作和克服较小阻力的要求，不但可用于近地空间航天器的控制，而且更适用于空间探测和星际航行的主推进。

当然，电火箭也有其不尽如人意之处。由于它的加速度很小，使飞行时间延长，不宜用于载人飞行。

"深空1"号探测器

火箭也能环保吗

太阳能火箭的关键设备是太阳能采集器

清晨，当阳光越过小窗，照进房间，让整个房间都显得暖暖的。你是否想过在这些阳光里蕴含着多少能量呢？在太空中，太阳能不受天气、地形等因素的影响，能够为航天器提供持续的能量，有着广阔的前景。

太阳能采集器包括一个太阳能转换器，一个用于安装太阳能转换器的底座，一个圆顶形菲涅耳透镜，太阳能采集器可用于照明、取暖、武器和爆破等。由于其结构，不管太阳与透镜的相对位置如何，棱镜元件都会使位于该平面任一侧的穿过外壳的平行太阳光线聚集于太阳能转换器的线性焦点上。

太阳能火箭是用轻型反射镜，将太阳光聚集到航天器上的火箭发动机的推力室中，将产生推力的介质加热到2000多摄氏度，然后通过喷管喷出，产生推力，使航天器加速飞行。

太阳能火箭的关键设备是一个盘状的铼管吸热器，安装在内腔室内。铼是一种十分稀有的贵金属，具有3180℃的高熔点、易于加工、化学性质稳定等优点。为了提高热效，铼管直径仅为0.25厘米，壁厚为0.025厘米，制作这样精细的铼管确非易事。人们先把铼熔化成液体，再让其变为蒸汽，沉积在预先制好的心轴表面，然后把心轴侵蚀掉，最后获得铼管。

太阳能火箭的另一关键设备是太阳能采集器。一种薄膜制成的膨胀式抛物面反射镜已由美国研制成功。在空中展开后，抛物面反射镜直径可达30米，聚焦以后可提供800千瓦的热能。一枚太阳能火箭上将设有两块这种大型的反射镜。

因此，太阳能火箭与太阳能飞机、太阳能汽车不同，不是首先将太阳能转化为电能，再由电能驱动电动机带动火箭飞行。而是先由太阳能采集器——反射镜采集阳光，其聚焦后的阳光通过一个石英制成的窗口，照射到铼管上，将铼管内的工作介质氢加热到2500℃左右，受热膨胀后的氢气从喷管中迅速喷出，产生推力，推动火箭飞行。

经过多年的研究，美国的洛克达因公司于1988

太阳能火箭的工作原理不同于太阳能飞机

2001年7月20日，行星协会发射了“宇宙1”号航天器。这是世界上首次使用太阳帆作为航天飞行动力装置的航天器，也称太阳帆飞船。这颗航天器没有能与第三级火箭分离，最终坠毁了。研制人员准备了3年时间，发射第二个“宇宙1”号。新的“宇宙1”号比原来更大，由8个三角帆组成，可以环绕地球轨道运行，于2005年6月21日从一艘位于巴伦支海的俄罗斯潜艇K-496上发射 。发射后与地球失去联络。之前有报道说发射失败，行星协会在保持一阵沉默后也承认这次实验未能成功将太空船送入轨道。

年研制成了世界上第一台太阳能火箭的样机，并在爱德华兹空军基地进行了地面试验。

太阳能火箭虽然比电火箭的推力有所提高，但目前仍达不到化学火箭的功效，无法用于运载火箭，仅适用于在太空中把大型的航天器从这一轨道转到另一轨道。

为了实现卫星与地球的同步，必须将卫星发射到36000千米高的轨道。而一般情况下，一级火箭不能将卫星送到36000千米的高空，只能先由地面发射的火箭将卫星送到一个低的临时轨道，然后，另一级火箭再接着将卫星送到最终轨道。

于是，科学家们提出了用一枚太阳能火箭充当第二级火箭的想法。这种更小、更廉价的二级火箭可使发射卫星的成本降低1.5亿美元。美国国家航空航天局已与一个航天公司的财团合作，将卫星从低临时轨道成功地送到赤道上空的最终位置。

科学家认为，这种太阳能火箭非常适用于美国国家航空航天局开发的可再次使用的单级入轨(SSTO)火箭。单级入轨火箭只能将卫星送入低轨道，由太阳能驱动的第二级火箭正好弥补了这一缺陷。

不过，太阳能火箭的不足之处也很明显，它使航天器到达最终的目标位置需花费1个月或更长的时间，而化学火箭在几天内即可完成。

▲ “宇宙1”号航天器

单级入轨火箭，成就公民飞天梦

DC–X垂直起降单级入轨火箭

飞翔在太空、遨游在群星之间是每个人的梦想。以现在的技术来说已经不是什么难题，但是由于其高费用、高风险，目前只能作为国家的研究项目，对我们来说，仍然是个遥不可及的梦想。但是一项单级入轨火箭的研究，使梦想距离现实更近了一步。

DC–X火箭使空间科学家和工程师们获得了多年没有过的兴奋，因为它可能标志着人类在宇航飞行中第一次拥有一个经济实用的到达轨道的工具。设计师们希望，从只有DC–X1/3大小的试验火箭或正在探索中的其他新型发射器演变而成的未来航天器，将把每千克有效载荷发射到轨道的成本降至仅仅500美元。这对

1993年8月18日，在美国新墨西哥州白沙导弹试验场正在进行一次革命性的试验。

只见一枚外形奇特的火箭伴随着尾部喷出的大量烟火迅速升空，当垂直上升到45米时，便悬停在半空，接着向侧面平移约100米，然后又垂直下降，在一个混凝土垫上安全着陆。这一过程总共用了60秒钟的时间。

这就是美国麦道公司研制的DC–X垂直起降单级入轨火箭(“三角快帆 ”试验火箭)的首次试验。它的成功标志着人类在可重复使用运载工具领域的研究取得了革命性的突破，成为航天史上的一个里程碑。

这枚单级入轨火箭高12米，总重18900千克(空重

10100千克)，上尖下粗，底部为带圆角的方柱体，形状与子弹相似，这样可使它能在大气中滑翔。

我们来说无疑是个好消息，也许有一天我们也能坐上航天器，遨游在神秘的太空。

单级入轨火箭的4台RC10A-5火箭发动机，是由使用30年之久的“阿特拉斯”运载火箭和“大力神”运载火箭的顶级火箭发动机修改而成的。其环形激光陀螺导航系统、速率陀螺组件和加速度计则由战斗机所用的部件修改而成。

阿特拉斯运载火箭

实现单级入轨火箭重复使用需突破的技术难关：①新型复合材料，以减轻火箭的结构重量，而强度要高；②火箭发动机重量轻、推力可调和可多次使用；③要像飞机那样每次飞行后经过简单检测、维修，能很快再次飞行，火箭上还需要有故障自检和排除系统；④要能在指定地点安全着陆。

火箭上装有先进的电子故障检测系统，能在短时间内像飞机一样做好再飞的准备。一般只需 在地面停留1周左右的时间，即可重新做好再飞的准备工作，发射时只需3个人。因此，非常便于进行一系列的试飞试验。

另外，它还采用了环氧树脂和石墨纤维复合材料，装有许多其他先进的电子设备。其复合材料蒙皮只有信息卡那样的厚度。

怎样使火箭安全地垂直着陆，是单级入轨火箭的一项核心技术。

为此，需要对火箭发动机推进剂进行精确的节流控制，以便严格控制推进剂在燃烧时所产生的推力。否则，火箭可能会栽到地上摔得“粉身碎骨”，后果不堪设想。

按设计师的设计，火箭第一次飞行接地时速度被控制在0.3米/秒，接地前从火箭后部伸出4个着陆支架，而且地面效应也起缓冲垫的作用，从而使火箭与地面撞得很轻。这枚试验火箭首次飞行的最大水平速度为4.5米/秒。

之后，麦道公司在此基础上，计划研制38.7米高的全尺寸垂直起降单级入轨火箭。这个庞然大物可将9000千克重的卫星送入地球轨道，也可向太空站运送航天人员和物资后返回地面。

单级入轨火箭的可重复使用性，大大降低了

运载火箭的发射成本，每次入轨的发射费从原来的5000万~7000万美元降至1000万美元。

在太空时代到来之际，这为普通人实现遨游太空的梦想也提供了难得的机遇。

大力神运载火箭

火箭列车还是列车火箭

多级火箭

当一个人跑四百米比赛的时候，很难一直保持最快的速度。而人们通过接力就能使速度达到最快。当一个人的速度达到极限，就将接力棒交给下一个人。这对火箭的研究有什么启发呢？

为了追求更高的宇宙速度，实现太空遨游的梦想，人类在漫长的岁月里不断地探索着。

直到19世纪末期，俄国人齐奥尔科夫斯基通过计算证明，要到宇宙空间去飞行，必须采用多级火箭。这种多级火箭就像“火箭列车”，即当第一级火箭燃料耗尽自动脱落，并引燃第二级火箭；第二级火箭燃料耗尽，又自动脱落，再引燃第三级火箭……这样，火箭就像接力跑似地不断被加速，直到把火箭头送入太空。

1903年，齐奥尔科夫斯基在他的《利用喷气工具研究宇宙空间》的论文中，正式提出了利用火箭飞上太空的构想。他的这一思想，从理论上解决了人类挣脱地球引力进入太空的可行性 。因此，齐奥尔科夫斯基被称为“航天之父”。

有一个有趣的比较。有人经过计算得知，鸡蛋的全重和其蛋壳的重量比值为20，这使鸡蛋的蛋壳脆弱到一碰即破的地步。

而齐奥尔科夫斯基却指出，对于使用硝酸加肼类推进剂的火箭，要使其达到第一宇宙速度，则火箭的原始质量与火箭的最后质量的比值(被称为“质量比”，是衡量火箭性能的标准之一)应等于23.5。即是说，总重为100吨的火箭，要有96吨是推进剂。这意味着火箭的壳体要比一碰即破的蛋壳更为“脆弱”。

由此可见，要把火箭的质量比提高到23.5以上，火箭的壳体将造得很薄很薄！这对于要在高温、高速、真空等恶劣环境中运行的火箭来说，简直就是如履薄冰。况且，我们还希望获得比7.9千米/秒更快的第二、第三宇宙速度。这样，火箭质量比的大小就成为制约火箭速度的第一因素，如何提高火箭的质量比也成为一个亟待解决的问题。

把火箭分成几级是解决这一难题的最佳方案，这是“航天之父”为世界航天事业作出的又一巨大贡献。多级火箭在质量比方面的优势是非常明显的。我们以一枚单级箭(发射重量2000千克，其中装有1500千克的推进剂)和一枚两级火箭(各重1000千克，其中分别装有750千克的推进剂) 举例说明。

1857年9月17日，齐奥尔科夫斯基出生在俄国梁赞一个林业官员的家庭里。10岁时，他因为一场大病丧失了听力，从此辍学在家，刻苦自学。他很善于思考，还喜欢自己动手做各种各样的实验，幻想着有一天能在天空像鸟一样自由自在地飞翔。1903年，他写成了《乘火箭探测宇宙》的论文，首先提出火箭是人类飞出地球的手段。今天，在航天界仍然流行着一句名言，这是齐奥尔科夫斯基在给《航空评论》杂志的信中写下的：“地球是人类的摇篮，但人类不可能永远被束缚在摇篮里。”

多级火箭脱离

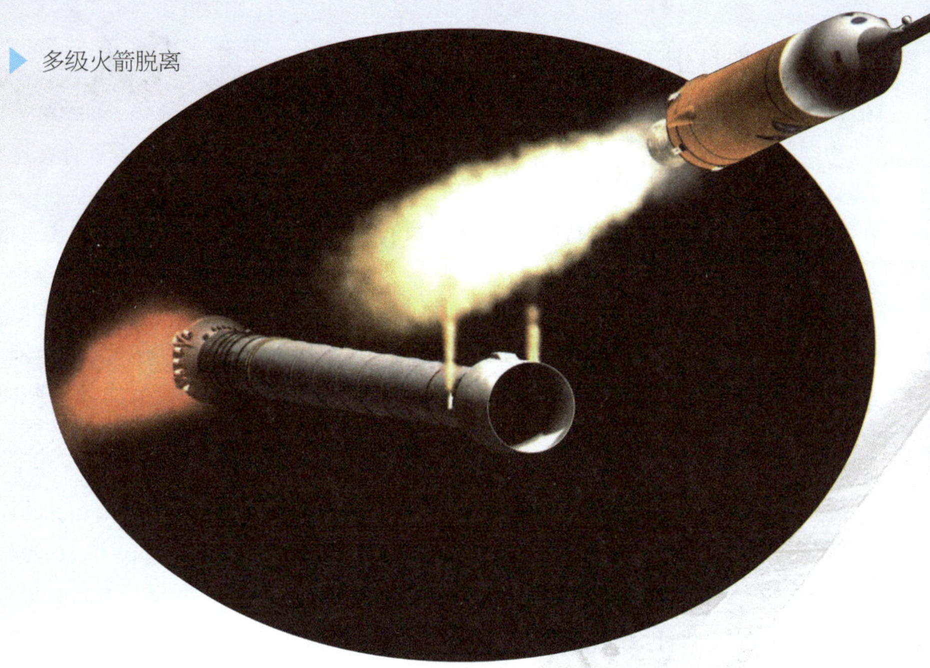

表面看来，二者的总重与推进剂的重量都相同，但效果却显著不同。经过计算，单级火箭的质量比值为4，根据速度公式可算出其最终速度是3470米/秒。而两级火箭在运行时，第一级火箭在推进剂燃烧完后可被完全抛弃，剩下第二级单独前进，这样它的最后质量只有250千克，因此其质量比值为8，比单级火箭提高了一倍。计算表明，依靠第一级火箭的推力可达到1175米/秒的速度，然后依靠第二级火箭的推力又可将速度提高到5200米/秒，比单级火箭整整快了50%。

可见，火箭的分级制造有利于提高火箭的最终速度，以获得我们需要的第一宇宙速度乃至第二、第三宇宙速度。当然，级数过多，每级火箭之间的联接和分离机构部分也要相应增多，这也会影响火箭的整体速度，并有一些复杂的技术性问题。

目前，发射或运载人造地球卫星时，一般采用二级或三级火箭，而发射飞向太阳系的宇宙飞船时，往往采用四级火箭，末级火箭即宇宙飞船本身。

火箭的分级制造有利于提高火箭的最终速度

从发射到回收的惊险旅程

运载火箭发射台

在看百米比赛时，我们习惯享受运动员撞线一刹那的刺激，也从没有忘记竞技过程的诱惑力。在运载火箭的整个运行过程中，每一个环节都不容忽视，接下来让我们去看看火箭的发射、入轨和回收。

采用垂直发射的原因

运载火箭体形庞大；迅速穿越大气层；简化发射装置；便于推进剂的精确注排；保证有效载荷准确进入轨道；运载火箭推重一般都较小。

运载火箭是从发射台开始它的旅途的，发射台上矗立着一座金属塔，称为发射台或发射架，它为技术人员提供从地面进入火箭的通道。发射塔还提供管道，帮助从地面储存罐向火箭输送推进剂。在发射台上，火箭垂直竖立，发动机朝着地面，整流罩指向宇宙。

当火箭发动机启动，第一级火箭点燃时，火箭在强大推力作用下脱离发射架上升，要完全通过发射架需要几秒钟的时间。离开地面的十几秒钟内火箭一直保持垂直姿态飞行，之后为了保证按合适的方位飞行，排气口的万向节按预定程序立即旋转，使火箭从垂直角度稍微倾斜，但基本上还是垂直向上飞行的。一开始火箭的加速过程并不是十分明显的，因为第一级推进剂还在，火箭的重量（目前最重的运载火箭“土星5”号的起飞质量为3038500千克）依然大得惊人。在上一级推进剂耗尽时，重力使火箭缓慢地从微倾斜角度转入水平方向飞行。这一被称为重力转向的机动，帮助火箭逐渐将其能量从向上升入太空的推进，转向进入轨道速度所需的向前推进。

第一级推进剂耗尽后，爆炸螺栓使其与火箭的其余部分分离，这时火箭卸掉了结构和推进剂的大部分质量。同时第二级火箭开始点火，继续加速飞行。因为火箭的质量大幅减小，即使第二级火箭产生的推力不如第一级的大，它的加速也要比之前快得多。此时，已经飞行了2到3分钟，

“深空1”号探测器

太空垃圾是指留在太空的无用的人造天体。它可以小到天体的碎片粉末，大到火箭发动机。由于宇宙的真空失重环境，太空垃圾会对正在运行中的天体产生很大的影响，因此近年来人们越来越关注太空垃圾的清除问题。

在高度达到150千米至200千米时，火箭已基本飞出稠密大气层，有效载荷不再需要整流罩来防护风力的破坏，预定程序抛掉箭头整流罩，进一步减小了质量。

有些火箭的二级推进剂，常常在火箭快接近轨道速度时燃烧完毕。爆炸螺栓使二级火箭与有效载荷分离，这时在有效载荷上，一个被称做推进器的小火箭将火箭送入最终轨道。同时，二级推进器火箭落入大气层的上部，最终，空气摩擦会使它燃烧，变成灰烬，妥善处理了“太空垃圾”。

对于低轨道的航天器而言，这时火箭就完成了运送任务。但对于高度在1000千米以上轨道或星际任务，还需要第三级火箭。在这一结构中，二级火箭担当着把三级火箭和有效载荷送入近地轨道的工作，近地轨道通常为300千米或更低。在二级火箭脱离后，火箭在地球引力的作用下，开始进入在航天技术中被称作惯性飞行段的过程，一直到与预定轨道相切的位置。稍后，第三级火箭发动，进入最后的加速段飞行，当达到预定速度时，第三极火箭发动机关机，有效载荷从火箭运载器弹出，进入最后的、较高的轨道，或者前往另一行星轨道。

目前使用的运载火箭，基本上是一次性使用的。这是因为飞行的压力、发动机燃烧推进剂的灼热、抛弃后的重返地球以及在大气层的上部焚烧，都使得各种部件在一次飞行后就基本报废。而现在，再循环式火箭已在规划中。

用做火箭和导弹发动机的燃料分固体的和液体的两大类。固体的有双基推进剂和复合推进剂，用于各类火箭和导弹中；液体的由液氢、肼类、硼烷和液氧等组成，用于大型导弹和卫星发射火箭中。

目前使用的运载火箭基本上是一次性的

运载火箭太空逐鹿

屹立在发射台的“土星5”运载火箭

运载火箭使人类飞天的梦想变成现实，运载火箭是航天技术腾飞的“起跑线”。而今，科技日新月异，运载火箭技术发展迅猛，新型火箭即将面世。当今世界，谁拥有了运载火箭技术，谁就获得了捷足先登太空的机遇；谁拥有了运载火箭技术，谁就能在太空添加属于自己的“星星”；谁拥有了火箭技术，谁就能及早地开发宇宙资源。于是，群雄“逐鹿太空”的局面出现了。

1965年，我国开始着手大型运载火箭的研制工程。从此中国走上了独立研制运载火箭的道路。经过30多年的攻关研究，已成功地制造出“长征一”~“长征四”号组成的运载火箭系列。

其中，“长征三”号是三级火箭。它采用了能将卫星送入36000千米静止轨道的氢氧发动机技术。

世界各国在研制火箭技术上已取得了令人瞩目的成就，但未来的发展会更加的惊人。自20世纪90年代以来，围绕着寻求高效、低成本、质量小、运行时间长的运载火箭的设想，一些航天科学家提出了多种方案。

人们根据动物界中蚂蚁的惊人负重能力突发奇想：假如新一代火箭也能像蚂蚁那样有高强的负重本领，岂不是可以节省大量的太空旅行费用？

于是，微型火箭的研究起步了。纳米技术的发展为其研制提供了可能。美国麻省理工学院航空和航天学的教授们，用纳米技术成功研制了一枚微型火箭模型。它只有半个火柴盒那样大，使用液态氧与酒精的混合物作为推进剂。据说，它的推力与其质量比达到1万以上，而在此前美国使用的航天飞机的发动机推力与质量比为70，俄罗斯NK-33运载火箭的推力与质量比为125。

俄罗斯曾决定建立多用途空天系统。按照设计方案，卫星将安放在运载火箭上，然后由

什么是纳米技术？

纳米是长度单位，它比微米还要小。所谓纳米技术，是指在0.1~100纳米的尺度里，研究电子、原子和分子内的运动规律和特性的一项崭新技术。纳米技术的应用为我们走进微观世界开启了大门。

▲ 俄罗斯曾设计用安-124飞机发射运载火箭

20世纪90年代初期，美国柏克莱加州大学电机电脑系教授理查·穆勃成功研制了一台比人类毛发还细小的超微型电动机，其直径只有0.08毫米，厚0.02毫米。它的齿轮上的每个齿牙，大小如同一个红细胞，所需电力仅相当于电动铅笔刀所消耗电力的十亿分之一。

安–124飞机将它们“背”到空中发射。该设计方案，将原来在陆地上发射的“进步3”号三级火箭除去最底下的第一级，其余两级连同已安装其上的卫星一起装进经过改装的飞机上。当飞机载着运载火箭升到10千米高的时候，将运载火箭从飞机上弹出，并打开降落伞，让运载火箭在空中稳定。随后，原火箭的第二级发动机启动，把卫星送入太空。

该设计方案的优点是可以在地球上的任何地点发射，发射费用仅为美国发射航天飞机的1/20，且环境污染极小。使用这种方法，每周可以发射5～8颗卫星。

不久的将来，日本建造的航天母舰将在太平洋上游弋。这艘航天母舰装载着运载火箭，无论走到哪里，都可以发射火箭。

这种发射方式的最大优势是可以选择在赤道附近发射，既节省燃料，又能获得地球转动最大的自转速度，可以节省大量的发射费用。

尽管这些新型的火箭离付诸使用还有一定的距离，但它们毕竟为我们展现出一个非常诱人的前景。

最具代表性的是“土星5”运载火箭。“土星5”运载火箭首先将载人宇宙飞船送到月球，成为人类航天活动的标志。它是一个三级火箭，全长856米，直径10米，起飞重量287万千克。火箭的第一级有5

部F–1型发动机，每台的体积有一辆载重汽车那么大，使用的推进剂是液氧和煤油的混合物。第二级有5部J–1型发动机，使用的是液氢和液氧推进剂，推进剂耗尽后，火箭到达117千米的高度，速度达到68千米/秒。第三级只有1台J–2型发动机，使用的也是液氢和液氧推进剂，其速度最终能增加到112千米/秒，从而摆脱地球的引力，飞往太空。

“土星5”运载火箭的5部J–1发动机

宇宙飞船飞上“星星索”

运载火箭发射台

“我长大了要到星星上去看看。”幼小的尤里·加加林怀揣着美好的愿景。1961年4月12日，27岁的加加林驾驶第一艘载人宇宙飞船“东方1”号成功遨游苍穹。因为有宇宙飞船，加加林的美好愿望得以实现，而人类迈向宇宙的步伐也变得更加坚决。

中国回收宇宙飞船的实践

1999年11月21日，在没有任何技术和经验借鉴的情况下，测控人自主摸索，精测妙控，仅靠“十八勇士”首次成功回收了神舟一号无人飞船。

宇宙飞船又称载人飞船（Spaceship），是一种运送航天员，货物到达太空并安全返回的一次性使用的航天器。它能基本保证航天员在太空短期生活并进行一定的工作。它的运行时间一般是几天到半个月，一般乘2到3名航天员。截至目前只有美国、俄罗斯和中国具备建造和回收宇宙飞船的技术。

世界上第一艘载人飞船是“东方1”号宇宙飞船。它由两个舱组成，上面的是密封载人舱，又称航天员座舱。这是一个直径为2.3米的球体，舱内设有能保障航天员生活的供水、供气的生命保障系统，以及控制飞船姿态的姿态控制系统、测量飞船飞行轨道的信标系统、着陆用的降落伞回收系统和应急救生用的弹射座椅系统。另一个舱是设备舱，它长3.1米，直径为2.58米。设备舱内有使载人舱脱离飞行轨道而返回地面的制动火箭系统、供应电能的电池、储气的气瓶、喷嘴等系统。“东方1”号宇宙飞船总质量约为4700千克。它和运载火箭都是一次性的，只能执行一次任务。

在这之后，先后出现的多个系列的宇宙飞船，有苏联的“上升”号宇宙飞船，“联盟”号宇宙飞船和“进步”号货运飞船；美国的“水星”号载人宇宙飞船，“双子星座”号宇宙飞船，“阿波罗”号宇宙飞

美国“阿波罗”号宇宙飞船

1969年7月21日凌晨2点56分，阿姆斯特朗的左脚踏上了月球，并说：“这是一个人的一小步，却是人类的一大步。”（That's one small step for man, one giant leap for mankind.）阿姆斯特朗在这句话中漏掉了一个字母“a”（one small step for a man），使句子不通：单独的“man”往往指的是“人类”而不是“个人”。阿姆斯特朗事后承认他有时会漏掉个别的音节，但他也“希望历史允许我犯下这个小错并意识到我当时不是故意漏掉的——虽然我也可能只是发音很轻。”时至今日，很多人在很多场合依旧会说：“这是一个人的一小步，却是人类的一大步。”

船；中国的“神舟”号宇宙飞船。

目前人类已先后研制出三种构型的宇宙飞船，即单舱型、双舱型和三舱型。

其中单舱式最为简单，只有宇航员的座舱，美国第一个宇航员格伦就是乘单舱型的“水星”号飞船上天的；双舱型飞船是由座舱和提供动力、电源、氧气和水的服务舱组成，它改善了宇航员的工作和生活环境；最复杂的是三舱型飞船，它是在双舱型飞船基础上或增加1个轨道舱（卫星或飞船），用于增加活动空间、进行科学实验等，或增加1个登月舱（登月式飞船），用于在月面着陆或离开月面。

虽然宇宙飞船是最简单的一种载人航天器，但它还是比无人航天器（例如卫星等）复杂得多，以至于到目前仍只有美俄中三国能独立进行载人航天活动。宇宙飞船与返回式卫星有相似之处，但要载人，必须增加许多特设系统，以满足宇航员在太空工作和生活的多种需要。例如，用于空气更新、废水处理和再生、通风、温度和湿度控制等的环境控制和生命保障系统、报话通信系统、仪表和照明系统、航天服、载人机动装置和逃逸系统等。

当然，掌握航天器再入大气层和安全返回技术也至关重要，尤其是宇宙飞船，除了要使飞船在返回过程中的制动过载限制在人的耐受范围内外，还应使其落点精度比返回式卫星要高，从而及时发现和营救宇航员。苏联载人宇宙飞船就曾因落点精度差，结果使宇航员困在了冰天雪地的森林中差点被冻死。目前，掌握航天器返回技术的国家只有美国、俄罗斯和中国。

未来的宇宙飞船将朝三个方向发展：有多种功能和用途；返回落点的控制精度提高到百米级的范围以内；返回地面的座舱经适当修理后可重复使用。

“俄罗斯联盟”号宇宙飞船

炮弹飞船，微波扬帆

“工欲善其事，必先利其器；工欲利其器，必先善其技。”人类要飞向太空，起步的技术瓶颈莫过于化学火箭燃料本身的能量不足。若放弃现在的化学火箭原理，我们又靠什么方法进入太空呢？

著名科幻小说家儒勒·凡尔纳曾在《月球旅行》中，描写了乘坐炮弹飞船去月球旅行的诱人场面 。

100多年后的今天，这种用大炮发射宇宙飞船的设想日益引起了科学家的关注。不过，现在设想的用于输送飞船的大炮，已不是凡尔纳笔下的那种使用炸药的火炮，而是一种应用先进的电磁技术的电磁大炮。

这种设想中的电磁大炮是由若干线圈构成的。当强大的电流通过这些线圈时，将使线圈内产生一个强大的磁场，使宇宙飞船悬浮在线圈中，并得到磁力的推动而逐渐加速上升。由于连续若干级线圈紧紧相连，宇宙飞船在通过这一级线圈进入下一级线圈时，速度便会越来越快，最终获得足以突破地球束缚的宇宙速度，直冲天穹。

电磁大炮有许多优点。首先，它可以反复使用，估计它输送有效载荷的费用只是现在使用的航天飞机的1/40；其次，它不像航天飞机那样，每次用完后

著名科幻小说家儒勒·凡尔纳

需要长时间维修，而电磁大炮间隔10分钟就可以再次使用；第三，使用过程非常安全，不会发生爆炸等意外事故。

20世纪80年代，一位叫罗伯特·福瓦特的人设计了一艘用微波推动的宇宙飞船，它的名字叫"星束"号。飞船上有一张圆形的帆，直径有1000米，用极细的金属丝织成，只有20克重。帆上的10万亿个

微波是指频率为300MHz~300GHz的电磁波，是无线电波中一个有限频带的简称，即波长在1米（不含1米）到1毫米之间的电磁波，是分米波、厘米波、毫米波和亚毫米波的统称。微波频率比一般的无线电波频率高，通常也称为"超高频电磁波"。其基本性质通常呈现为穿透、反射、吸收三个特性。

金属丝交叉点，既是计算机元件，又是微型针孔照相机。微波从围绕地球飞行的太阳能发电卫星上发出。

为使微波束能很好地聚焦到飞船的帆上，还专门在土星和天王星轨道之间设置了一面菲涅耳透镜。飞船上的10万亿个电子电路全部打开，使帆对微波束反射能量达到最大值，从而推动飞船前进。

计算表明，20千兆瓦的微波束，可使飞船在6~7天内达到20%的光速，20年的时间可到达比邻星。在对比邻星和它的行星及卫星进行探测时，网帆既可收集探测目标的微波信息，还可进行可见光照相，然后用网帆做天线，将探测资料发回地面。

福瓦特还设计了一种叫“星集”号的宇宙飞船，由3个同轴环组成，外环直径1000千米，由加速级、交会级和返回级三部分组成。如果微波的功率达到65千兆瓦，连续给飞船进行3年的加速，可使飞船达到11%的光速，这样的话，大约40年就可以飞到比邻星了。

凡尔纳说过：“在我的传奇故事中，我必定要把我的所谓发明建立在现实基础上，而且在应用它们时，必定让它们的结构安排和使用的材料不完全脱离同时代的工程技术和知识领域。”

炮弹飞船和微波飞船，今天看来有些“天方夜谭”，或许，这是因为那样的时代还没有来临。

菲涅尔透镜在很多时候相当于红外线及可见光的凸透镜，效果较好，但成本比普通的凸透镜低很多。菲涅尔透镜的作用有两个：一是聚焦作用，即将热释红外信号折射（反射）在PIR上，第二个作用是将探测区域内分为若干个明区和暗区，使进入探测区域的移动物体能以温度变化的形式在PIR上产生变化热释红外信号。

载人飞船，安全的太空之家

地面指挥控制室持续跟踪宇宙飞船

航空航天，一项奢侈的科研。无论是设备，还是宇航员的培养费都是天文数字级别的。在一个提倡人文关怀的时代，宇航员的生命安全尤其重要。那么，载人宇宙飞船是如何保障人的生命安全的呢？

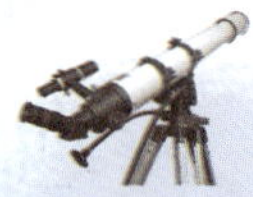

如何成为一名宇航员？

要成为宇航员，必须有强健的体魄，良好的教育水平，以及分析和解决问题的能力。早期的宇航员都是从空军的飞行员或试验飞行员中挑选出来的。随着飞船的设计逐步改进，对宇航员体格的要求亦相应地降低。现在，宇航员可分为驾驶员、任务专家和载荷专家；

载人宇宙飞船的最大特点就是船内有宇航员 。因此，它与卫星等航天器有着不同的系统，包括生命保障、返回、营救等系统，具有交会、对接和机动飞行能力的载人宇宙飞船，一般还设有交会雷达、计算机和变轨发动机等设备。

载人宇宙飞船上的生命保障系统，是一项十分关键的技术，它不仅复杂，而且必须绝对可靠。船舱要密封，舱内的温度和大气压力都要适合人的生命需要，控制精度要求极高。

在载人宇宙飞船中，要造成一个与地球相似的微小气候，首先要模拟大气的混合比例，用灌装气体或电解供氧办法使宇航员的座舱中氮占80%，氧占20%，保障每个宇航员每天所需的576~930克氧。

而对他们每天呼出的约1000克二氧化碳，则采取用分子筛吸附的方法，控制其浓度不大于1%。

其次，调节飞船座舱内的温度和湿度也十分重要。座舱的热源有1/3来自人体，通常每人每天大约产生75～150千卡(1卡=418焦耳)的热量。来自太阳辐射和各种电子仪器的热量也各占1/3。座舱除对壳体采取隔热措施外，还采用专门的热交换器，把多余的热量吸收或辐射出去，使相对温度维持在18～25℃之间。此外，还要控制舱内湿度，人体每天呼吸和出汗会排出约1/5升的水分，在座舱内形成水蒸气，故要采取冷凝和化学吸收的办法，使湿度控制在30%～70%的范围内。

驾驶员的任务是驾驶飞船，而任务专家和载荷专家则负责一连串的研究和试验。

▲ 俄罗斯“联盟”号宇宙飞船与国际空间站对接

分子筛是一种具有立方晶格的硅铝酸盐化合物。分子筛具有均匀的微孔结构，它的孔穴直径大小均匀，这些孔穴能把比其直径小的分子吸附到孔腔的内部，并对极性分子和饱和分子具有优先吸附能力，因而能把极性程度不同，饱和程度不同，分子大小不同及沸点不同的分子分离开来，即具有“筛分”分子的作用，故称分子筛。由于分子筛具有吸附能力高，热稳定性强等其他吸附剂所没有的优点，使得分子筛获得广泛的应用。

另外，由于座舱狭小和密封，而人体代谢物达400多种，易造成舱室污染；在失重状态下，气流对流消失，热平衡难以维持等，也是必须在飞船上解决的问题。

载人宇宙飞船必须安全返回地面。为此，载人宇宙飞船的结构比一般不返回地球的航天器复杂许多：首先要对付气动加热造成的烧蚀，还要对微流星和宇宙射线进行防护等。

所谓气动加热，就是载人宇宙飞船开始返回时，由于离地高、速度快而具有相当大的动能；在它进入大气层后，在空气阻力的作用下急剧减速，飞船能量的绝大部分都转化为热能，如果这部分热量全部传导给飞船，可把飞船完全化为灰烬。这就是气动加热问题。

载人宇宙飞船为解决这一问题，在设计中合理选择飞船返回舱的气动外形，可使它在再入大气层过程中所产生热量的80%左右扩散到四周的大气里；剩下20%左右的热量，则必须采取可靠的防热措施加以解决。

总之，载人宇宙飞船从发射、控制到跟踪、回收等所有环节和连续过程都要高度可靠。目前，世界上完全掌握这种载人航天技术的国家，只有美国、俄罗斯和中国。但欧洲各国、日本和印度等国正在潜心研制载人宇宙飞船，估计不久的将来，掌握载人航天技术的国家会逐渐多起来。

俄罗斯“联盟”号宇宙飞船返回地球

中国航天奇迹

中国飞天第一人杨利伟

“可上九天揽月，可下五洋捉鳖，谈笑凯歌还”，毛泽东的诗词中所表达的情景，自古就是中国人的梦想。尽管苏联首次进入了太空，美国率先登上月球，但最初进行的载人活动，却可追溯到明朝一个美丽的传说——万户升天。时至今日，后来的“万户”实现了飞天之梦。中国先后有六名宇航员步入太空，杨利伟，中国飞天第一人；翟志刚，中国太空漫步第一人。他们乘坐的宇宙飞船就是书写中国航天奇迹的“神舟”系列宇宙飞船。

中国“万户升天”的传说

据说当时中国的一位官员万户一心想飞天，于是他两手各持一个大风筝作为翅膀，把自己绑缚在一个特制的座椅上，座椅后装有47支当时最大的火箭，试图借助火箭的推力和风筝的升力来实现“升空”的理想，但是最终的结果可想而知，天上没去成，人却与火箭一起灰飞烟灭。

由于载人航天有航天员的参与，保障航天员的生命安全就成为飞行过程中的首要任务。苏联的第一个航天载人计划“东方”号在载人飞行前发射了7艘飞船，美国的水星计划在载人前进行了8次飞船实验，这么做都是为了保障航天员登上飞船后的安全。“神舟”飞船作为中国的第一个航天计划，同样经历了这样一个过程。时至今日，“神舟”系列飞船已发射7艘，其中，前4艘均没有载人。

“神舟一”号实验飞船于1999年11月20日凌晨，在甘肃酒泉发射基地发射。为了进行载人飞船的

甘肃酒泉卫星发射中心的发射塔

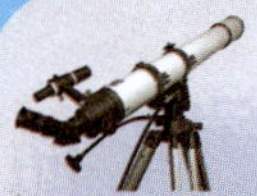

中国航天系列
宇宙飞船

2008年9月25日21时10分04秒,"神舟七"号宇宙飞船载着三位我国优秀飞行员翟志刚、刘伯明、景海鹏,成功升空 。因为"神七"将执行太空行走任务,而9月底的太阳夹角能令飞船在最短的时间内见到太阳,更适合太空人出舱活动,因此"神七"选择在9月升空,而不是像"神五"、"神六"那样选在10月发射。

发射,在发射场内新建了高达百米的载人发射塔,在发射塔上大型运载火箭和实验飞船第一次展露雄姿。"神舟"飞船的火箭是在"长征二"号捆绑式火箭基础上改进研制的"长征二号F"运载火箭,火箭顶端安装着"神舟一"号实验飞船。火箭飞行约10分钟后,"神舟一"号与火箭分离,并准确进入轨道。21日凌晨3时,在绕地球正常飞行21小时后,"神舟一"号飞船平稳着陆于内蒙古中部地区。

随后的三年里,相继发射了"神舟二"号、"神舟三"号和"神舟四"号,一次比一次的科技含量高,技术水准高。"神舟"飞船4次成功的实验基本完成了载人前的各项实验内容,中国政府已经确定"神舟五"号的发射将是一次真实的载人实验。

2003年10月15日9时整在酒泉卫星发射中心载有我国航天员杨利伟的"神舟五"号宇宙飞船发射, 9时10分,船箭分离,"神舟五"号载人飞船准确进入预定轨道。在接下来的21小时内,总共绕地球14圈,在这期间,进行了了主要的实验项目——"神舟五"号将尽量减少机舱内的实验项目及仪器,以腾出更多空间来供航天员活动并执行科学观察任务,可以说这一次的任务主要是考察航天员在太空环境中的适应性。16日6时28分,飞船降落于内蒙古中部阿木古朗草原地区。

至此,杨利伟成为了中国飞天第一人,他实现

▼ “神州七”号宇宙飞船返回地面

了中华民族千百年来的飞天梦想。随后，“神六”和“神七”相继升空，每次科技水平都大幅度提升，任务越来越复杂，携带的东西和人数都增多了，“神六”是两人，到了“神七”便增至三人，其中，乘坐“神七”的宇航员翟志刚实现了太空漫步——中国太空漫步的第一人。

接下来，中国航空航天的重点是“嫦娥工程”，实现早日登月的壮举。可以看出，21世纪的中国航天工程会是一个新的时期，在征服新的领域，探索新的技术中绝不会被什么界限阻挡，每个中国人都期待中国航天的飞速发展。李白有诗云：“俱怀逸兴壮思飞，欲上青天揽日月。”登天的梦想已成为现实，揽月的理想距离我们不远了。

苏联和美国的宇宙飞船

“联盟”号宇宙飞船

20世纪60年代，美、苏在太空竞赛中为了抢到头彩，各自从佛罗里达海岸和丘拉塔姆的荒原向太空发射了30多艘载人飞船，完成了60多人次的太空飞行。无论哪个国家。都怀着人类对太空的向往，踏上一次又一次的征途，对地球以外的世界展开探索。这些最初的尝试为后来的登月计划以及空间站的建立积累了宝贵的经验。

导致苏联在航天技术上的优势基本消失的原因有二：第一，作为苏联领导人的赫鲁晓夫坚持要有超常的太空表现，这影响了技术进步和工程进展，大有“大跃进”的意味。第二，苏联航天时代的开拓者科罗廖夫于1966年病逝，也打击了苏联的航天事业。

苏联的宇宙飞船

苏联先后研制了“东方”号宇宙飞船，“上升”号宇宙飞船，“联盟”号宇宙飞船和“进步”号货运飞船。

“东方”号宇宙飞船是人类史上第一次研制宇宙飞船，而其中的“东方1”号，将人类的第一名使者——尤里·加加林送入太空，更是有着深刻的意义。继加加林之后，“东方”号又进行了5次载人轨道飞行，为苏联争取了太空竞赛中的一个又一个的第一。这里面包括比耶科夫斯基驾驶“东方5”号飞船创造了留空119小时的纪录，以及世界上的第一名女航天员尼古拉耶娃·捷列什科娃乘坐“东方6”号升空。就载人航天技术来说，整个“东方”号计划在医学实验方面特别是人在轨道上飞行期间的反应和适应性方面，取得了伟大的成就，但由于飞船的限制和其他原因，“东方”号飞船的太空飞行在其他方面并没有取得太多的研究纪录。

1964年10月12日，作为过渡性的宇宙飞船“上升1”号成功升空。1965年3月18日，“上升2”号载着2名航天员——列昂诺夫和别利亚耶夫，又完成了一个史无前例的创举——列昂诺夫成功实现太空行走。比起“东方”号，“上升”号没有多大发展，只是实现了几个第一而已。在这之后，苏联在航天技术上的优势已经基本消失 。

如果说，“东方”号和“上升”号是实验品的话，那么“联盟”号便是绝对的成品。“联盟”号飞船是苏联在积累了多年经验之后，所开发出来的一种最成熟的载人航天器，是航天部门现在拥有的唯一一种可载人航天器，也是向国际空间站输送宇航员的仅有的两种工具之一（另一种是美国的航天飞机）。其他衍生物包括“进步”号货

▲ 运载火箭搭载“联盟”号宇宙飞船升空

美国的壮志雄心

在美国的宇宙飞船技术卓越发展之时，美国总统布什满怀雄心壮志，又公布了庞大的太空探索计划，包括再度派人上月球建立永久基地，甚至远征火星。不过，美国宇航局一个委员会在2008年8月发表年报指出，宇航局对新宇宙飞船的设计的安全性感到忧虑；而整个征月计划在金钱、士气和领导等方面，都要面对重重困难。

运飞船，这是一种设计十分成功的无人货物运输飞船，在维持“和平”号空间站和国际空间站的正常运转中发挥了巨大的作用。

美国的宇宙飞船

美国的宇宙飞船有“水星”号载人宇宙飞船，“双子星座”号宇宙飞船和“阿波罗”号宇宙飞船。

1962年2月20日，美国宇航员约翰·H·格林乘坐“水星”系列下的“友谊7”号飞船终于实现了美国人的航天梦。“水星”号载人宇宙飞船虽然晚于苏联10个月才实现轨道飞行，但其技术成就却比“东方”号的大得多。“水星”号计划结束之后，当时美国总统明确提出，把登月作为载人航天的发展目标。于是，美国开始研制第二代飞船——“双子星”飞船。

作为登月计划和“水星”号计划中间的过渡计划，“双子星”号计划成功完成了轨道变换、轨道会合、轨道对接以及在轨道上进行太空舱外活动的技术测试。至1966年，“双子”号任务完成之时，美国航天员已有了2000小时的太空飞行纪录，而此时苏联的飞行纪录只有500多小时，美国开始完全领先于苏联。

“双子星”号计划结束之后，美国国家航空航天局（以下简称NASA）马上着手登月计划——“阿波罗”号计划。

通过一系列的试验，NASA在“阿波罗10”号飞行试验结束后，宣布“阿波罗11”号将执行载人登月任务。1969年7月16日，巨大的“土星5”号火箭载着“阿波罗11”号在肯尼迪航天中心39A发射台点火发射。20日，美国东部时间22点56分，阿姆斯特朗踏上月球，首次实现了人类登月的梦想。

此后，NASA又进行了6次载人登月飞行，除了“阿波罗13”号因为赴月途中，服务舱氧气发生爆炸，被迫返回地球外，其他飞行均获得圆满成功。但“13号”的飞行也显示了“阿波罗”号计划的极强的应变能力，发生紧急情况时，地面人员经过周密研究，指示停止登月，最后航天员靠登月舱的动力、水、空气及食物绕过月球安全返回地球。

“阿波罗”计划历时11.5年，耗资255亿美元，约有40万人和2万多家研究机构参加，迄今为止，还没有哪项计划能在规模和资金上超过该计划。先后12名宇航员登上月球的壮举，在政治和科技上都产生了深远的影响。航天史上，这“巨人一跃”，带我们走进了一个崭新的时代。

▼“阿波罗13”号宇宙飞船内部

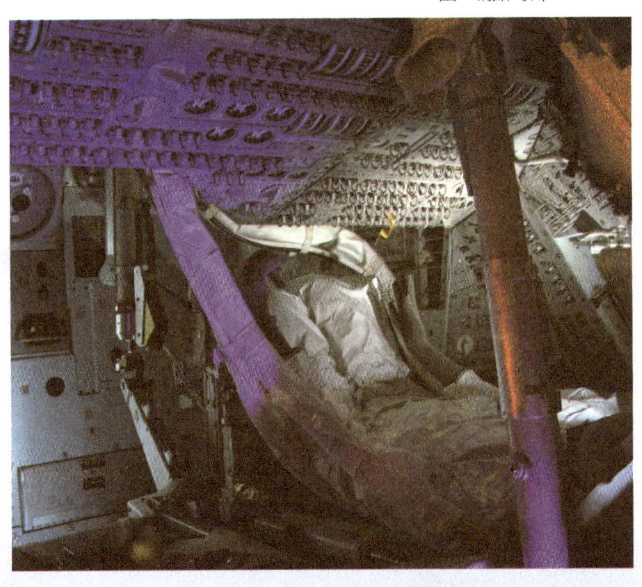

航天飞机，不只是飞机

航天飞机的外形很像喷气式飞机

要实现人类伟大的飞天之梦，航天飞机也许应该首先担负起这个责任。它就像一座搭建在地球与太空之间的桥梁，帮助人类实现飞天的梦想。那么就让我们来了解一下航天飞机到底是什么，它又有哪些过人之处呢？

你可能不知道的航天记录

美国航天飞机首航指令长约翰·杨曾经6次飞上太空，是当时世界上参加航天次数最多的宇航员。世界上第一位不系安全带到太空行走的宇航员是1984年2月3日乘“挑战者”号上天的麦坎德利斯。1985年11月26日，亚特兰蒂斯载宇航员上天第一次进行搭载空间站试验。1992年5月7日“奋进”号首次飞行，宇航员在太空第一次用手工操作抢救回收卫星并取得成功。

航天飞机冠以飞机之名，是因它与普通飞机有共同之处，是可以重复使用的；不同之处在于航天飞机是往返于地球表面和近地轨道之间的、运送人或货物的航天器。

人类奔向太空，借助了运载火箭，可是火箭使用一次就不能再用了，很不经济；虽然人类发明了飞机，可它只能飞向天空，却不能驶向遥远的太空。于是，科学家们提出了一个大胆而新奇的设想：能否将火箭和飞机的长处“联姻”，设计出一种既能飞向太空、又能返回地面，可重复使用、成本又低的航天器呢？

航天飞机准备发射中

“太空徒手捉卫星”的惊险一幕

1990年3月14日，国际通信卫星组织的6号卫星腾空而起，然而由于“大力神3”号运载火箭的第二级线路被接错了，导致卫星并未进入预定的地球同步轨道，而是进入地球上空550千米的低轨道。于是，卫星失去了控制。

为了“捉回”这颗失控的卫星，科学家们对“奋进”号航天飞机进行了一系列特殊的改造，并决定实施“营救计划”。

1992年5月10日，“奋进”号航天飞机很快接近6号卫星，然后又以8千米/秒的速度追赶，在与6号卫星非常接近时，“奋进”号迅速将一根45米长、重72千克的捕捉杆放出，试图抓住卫星，但均以失败告终。第二天，宇航员展开了第二次“捕捉”行动，遗憾的是，第二次行动又未成功。

经过充分的论证与试验后，科学家们终于设计了集火箭、飞机技术于一身的科技综合的“混血儿”——航天飞机。但从本质上说，航天飞机更接近于火箭，因为它的起飞、上升依靠的是火箭的喷气装置，而不是飞机的空气升力。

那么航天飞机的飞行原理是什么呢？

航天飞机由两枚固体燃料助推火箭、推进剂贮箱和轨道器三大部分组成。其主体是轨道器，人们通常称之为航天飞机。它的外形很像一架喷气式飞机，这主要是为了让它在重返大气层和地球时，能够利用那两个大大的机翼在空气中滑翔而下，并在特定的机场着陆。

起飞前，航天飞机和火箭一样，直立在发射台上。这时，固体助推火箭和推进剂贮箱仿佛三根粗大的立柱，贮箱位于中间，固体助推火箭列于两侧。轨道器则好像附在柱子上的一只硕大的飞蛾，起飞时，要将固体助推火箭和轨道器的火箭发动机同时点燃，带动推进剂贮箱一起上升。当升到40千米的高空时，固体助推火箭的燃料耗尽后便会脱落，并张开降落伞在海面上降落以便于回收，以备再次装填燃料使用。轨道器和推进剂贮箱会继续上升，当升到100千米左右高空时，贮箱内的推进剂耗尽后脱落。然后，轨道器继续上升，飞入太空并进入工作轨道。

从航天飞机升空的过程看，它相当于一个三级火箭。只不过它的末级火箭是由一个具有飞机外形的轨道器组成。当航天飞机在太空完成使命后，即会脱离轨道，向地面返回。最后，航天飞机在低空大气中滑翔而下，水平降落在特定的机场上。

如今，航天飞机正在越来越多地参加早期只有火箭才能完成的空间任务，并正在成为联系地面和地外空间的主要运载工具。航天飞机的诞生，被认为是20世纪科学技术最杰出的成就之一。

5月13日下午5时12分，宇航员走出机舱，进入了茫茫太空，并对接收装置进行了改造，航天飞机慢慢地靠近6号卫星，当彼此相距仅有几米的距离卫星又恰好在航天飞机的上空时，宇航员用戴着五层薄纤维制成的太空手套的手，神奇地抓住了这个庞然大物。

巨大的推进剂贮箱

航天飞机：太空多面手

航天飞机被称为太空多面手

航天飞机绝不仅仅是太空穿梭器这么简单，在宇宙中可以自由穿行的它，在某种程度上还是一个“多面手”，可谓十八般武艺样样精通，在你了解了它为什么被称作“太空多面手”之后，你就不会再诧异为什么各国都这么热衷于它了。

太空多面手与三维影像

2000年2月11日，美国航宇局(NASA)和美国国防部(DOD)的国家影像和制图局(NIMA)合作进行了“航天飞机雷达拓扑测绘”任务。任务采用同轨干涉SAR技术，机上架设了两副大型天线，从两副天线接收到的两帧影像数据中提取各个像元的相位差，最终形成三维影

发射航天飞机上天，其代价是极其昂贵的。“哥伦比亚”号航天飞机的首次商业飞行，总共5天时间，耗资却达25亿美元。美国为何花费如此巨资而在所不惜呢?

原因之一就是美国要同苏联进行太空争霸，而航天飞机的优势是举足轻重的。它既可作为交通和运输的工具，又可作为进行战略袭击的指挥中心和作战武器，因此被称为“太空多面手”。

航天飞机可用来发射一系列的军用人造天体，如国防通信卫星、全球定位导航卫星、侦察卫星、军用气象卫星、导弹预警卫星和其他试验装置。

其实，航天飞机本身就是一架极其优越的太空

侦察机。美国的航天飞机可在太空轨道上工作7天到1个月，就像一个短期的空间站。机上配有高分辨的照相设备，能清晰地发现和识别地球上绝大部分军事目标。航天飞机还可以灵活地做变轨飞行，降低飞行高度，做长期载人军事侦察，除了用“眼睛”监视外，还可以用“耳朵”监听。

像，其精度与原始影像数据有关，但与提取数字高程地图精度无关。

如果把思路再打开一点，那么，航天飞机还能成为一种很可怕的进攻性武器。用它做载人战略轰炸机，可以在45分钟之内飞抵地球上的任何一点，把核弹投向任何地点。

航天飞机捕获卫星的本领，更深受军事家的青睐。它不仅可以回收自己的军用卫星，还能以武器将敌方卫星摧毁，或者干脆把敌卫星“活捉”。

航天飞机可以把更大的载荷送上太空，组装成空间站，最后形成一个空间站系统。这个系统一旦建立，航天飞机就可根据需要随时发射并且停靠在空间站上，输送人员和各种设备。在太空建立这样的一个军事基地，就可以方便地集结航天部队，其军事价值的确很高。

▲ 航天飞机本身就是优越的太空侦察机

利用航天飞机还可以把导弹核武器运送到空间站上，站在这个新的军事高地上，向地面

你知道航天飞机的紧急着陆基地吗？

在与美国佛罗里达州相隔大西洋相望的冈比亚共和国，有一个鲜为人知的航天飞机紧急着陆场——班珠尔基地。

班珠尔之所以能与美国的航天活动有缘，是因为它所处的地理位置比较特殊，恰好位于佛罗里达州的东面。当航天飞机从肯尼迪航天中心以28°地平经度向东发射时，正好掠过班珠尔上空，若航天飞机发射后因故障未能进入预定轨道，班珠尔就成了可为其提供洲际紧急救援的理想的地方。

另外，美国还在塞内加尔、西班牙、摩洛哥和冈比亚共和国分别设立了航天飞机紧急着陆场。挑选这4个国家的原因是它们最接近于航天飞机发射轨道的地面投影。每次航天飞机发射时，其中的3个着陆场即

目标发起攻击。这种来自太空的猛烈攻击，犹如泰山压顶，地面部队怎能招架得住？

航天飞机在军事上如此厉害，难怪航天飞机的研制工作一开始就得到美国军事当局的重视和支持，慷慨解囊，一掷千金，因为他们是航天飞机的最大需要者。

1981年4月12日，世界第一架航天飞机——美国的“哥伦比亚”号首航成功，实现了航天运输系统部分部件可以重复使用的突破。

此后，美国的“挑战者”号、“发现”号、“亚特兰蒂斯”号和“奋进”号航天飞机也相继升空。1988年11月15日，苏联利用“能源”号运输火箭也把无人驾驶的“暴风雪”号航天飞机送入太空，并自行安全返回地面。

迄今为止，航天飞机已执行了90多次空间飞行任务，有近500人次参加了飞行，完成了众多的空间科研任务，施放和回收了70多颗不同用途的卫星，还向更遥远的太空发射了“麦哲伦”号金星探测器、“伽利略”号木星探测器、“哈勃”天文望远镜……为人类的太空探测和开拓立下了不朽的功勋。

2000年3月，美国航天飞机成功地绘制了地球的三维地图，再次显示出航天飞机的超人本领 。那么，为什么航天飞机从问世到今天，在施放卫星、测天观地、进行科学实验、生产合成新材料和药物等

方面有着出色的表现而令人瞩目呢?

这是因为航天飞机作为一种新型的太空运载工具，有着运载火箭不能具备的优点。

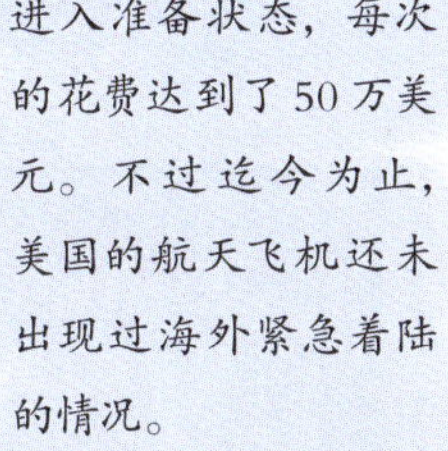

进入准备状态，每次的花费达到了50万美元。不过迄今为止，美国的航天飞机还未出现过海外紧急着陆的情况。

首先，最突出的一点就是航天飞机可以重复使用，从而大大降低了发射费用。航天飞机作为轨道器可重复使用100次，火箭助推器可重复使用20次。而且，一架航天飞机返回地面后，只需2~3个星期的维修，便可再次起飞。另外，航天飞机的货舱很大，一次竟能装下几颗卫星，因此，它可以一次发射2~3颗卫星。可见，比起常用的运载火箭来，航天飞机的费用要节省许多。

其次，航天飞机的发射段和再入段的加速度低，过载较小，使未经过严格训练的科学家和工程师也可乘航天飞机到宇宙飞船上工作。它的出现，使普通人有可能像乘坐飞机一样到太空去旅游。

第三，航天飞机除了可把人造天体送上轨道外，还可以对失效的人造天体进行维修或将其收回。这样能大大提高人造天体的使用寿命。

航天飞机在太空中的应用越来越广泛，发挥的作用越来越重要。这标志着人类在发展航天技术方面又迈上了一个新的台阶。

▲ 航天飞机与国际空间站对接

航天飞机大事记

美国阿灵顿国家公墓中的哥伦比亚号航天飞机纪念碑

人类探索宇宙的历史就好像漫漫人生路，说短不短，说长不长，中间难免有曲折，当然也有胜利的喜悦。而我们要做的不仅仅是记住那些令人兴奋的时刻和激动的面容，更应该从令人沮丧的灾难与失败中吸取教训总结经验，我们要做的是记下每一个名字、每一个时刻。

美国第一架航天飞机：“哥伦比亚”号

航天飞机(正式名称为空间运输系统)由轨道飞行器、固体燃料火箭推进器和外燃烧箱共同构成。1981年4月12日，在卡纳维拉尔角肯尼迪航天中心聚集着上百万人，参观第一架航天飞机“哥伦比亚”号发射。宇航员翰·杨和克里平揭开了航天史上新的一页。这架航天飞机总长约56米，翼展约24米，起飞重量约2040吨，起飞总推力达2800吨，最大有效载荷29.5吨。每次飞行最多可载8名宇航员，飞行时间7~30天，轨道器可重复使用100次。

它第一次飞行的任务只是测试它的轨道飞行和着陆能力。在太空飞行54小时，环绕地球飞行36周之后航天飞机安全着陆。随后“哥伦比亚”号又进行了四次飞行，在2003年返回地球时失事，机上7名航天员遇难。

美国第二架航天飞机：“挑战者”号

1982年，“挑战者”号成为美国宇航局的第二架航天飞机。然而它的结局却是悲惨的，“挑战者”号进行了10次飞行，第一次是1983年4月，最后一次是在1986年，由于飞机失事而终止了其飞行生涯。

“挑战者”号的失事曾使美国的航天事业受到沉重打击，航天飞机在以后的3年中停止了飞行。但是，在总结了“挑战者”号的教训之后，人类对太空的探索仍在继续。从航天飞机恢复飞行至今，已执行了76次飞行任务，包括组建国际空间站。

“挑战者”号航天飞机升空后发生爆炸

美国第三架航天飞机："发现"号

"发现"号航天飞机轨道飞行器是以18世纪美国探险家詹姆斯·库克的小船的名字命名的。"发现"号航天飞机的第一次飞行是在1984年8月，总计飞行了21次，其飞行次数比任何其他航天飞机都多。

美国第四架航天飞机："亚特兰蒂斯"号

1985年，"亚特兰蒂斯"号成为美国宇航局的第四架航天飞机。"亚特兰蒂斯"号是以美国第一艘远洋船舶的名字命名的，这艘轮船从1930年到1966年在马萨诸塞州的伍兹霍尔海洋研究所被用来进行研究。

"亚特兰蒂斯"号航天飞机重77.7吨，它在1985年10月至1996年3月之间进行了16次飞行。

这架航天飞机一些引人注目的飞行行动是1989年将"伽利略"号和"麦

▲ "发现"号航天飞机

哲伦”号行星探测器送入太空和1991年将康普顿伽马射线观测台送入太空。1996年，“亚特兰蒂斯”号航天飞机将美国宇航员莎朗·露西德送到俄罗斯的“和平”号空间站，露西德在空间站上停留了6个月，打破了太空停留时间的纪录，之后“亚特兰蒂斯”号航天飞机又把她接回了地面。

美国第五架航天飞机：“奋进”号

“奋进”号是美国宇航局最新建造的一架航天飞机轨道飞行器。它是由美国宇航局于1991年建造的，用来替代1986年在爆炸中被毁坏的“挑战者”号。“奋进”号高36.6米，宽23.4米，重71吨，造价超过20亿美元。

目前航天飞机的主要任务是向国际空间站运送宇航员和各种建设用部件和补养。美国原设想使用可重复使用的航天飞机以节约花费。但结果全然不同，每架航天飞机的研制费非常高，最新的“奋进”号研制费达20亿美元，而且每次发射费用1亿多美元。因此至今只做了6架航天飞机，其中一架“企业”号为样机，另外有五架工作机，分别是“哥伦比亚”号、“挑战者”号、“发现”号、“亚特兰蒂斯”号和“奋进”号。航天飞机的可靠性非常高，自1986年1月“挑战者”号发射失败后到2002年4月为止已成功飞行过110次。

“奋进”号的“有惊无险”

“奋进”号航天飞机遭受了与2003年“哥伦比亚”号惊人相似的受损，那就是美国宇航局事先都没有想到碎冰或绝缘泡沫会对航天飞机带来如此大的损坏，只不过这次造成“奋进”号航天飞机受损的碎片是从外部燃料箱的另一个地方脱落下来的。在“奋进”号2008年8月21日带伤将7名宇航员安全地送回地球之际，才使得这一状况有惊无险。

空天飞机的美好未来

空天飞机不再使用固体燃料助推火箭和推进剂贮箱

空天飞机的最大优点是运输费用只有航天飞机的十分之一，并且不需要规模庞大、设备复杂的航天发射场。空天飞机完成一次飞行后，经过一星期的维护就能再次起飞。人们可以像坐飞机一样进行宇宙旅行。即使不上太空，乘坐它去大洋彼岸看望朋友也很方便。

空天飞机产生的背景

航天飞机已在现代航天领域处于举足轻重的地位。然而，航天飞机在发射、运行中也暴露出不足。

航天飞机既不能像普通的航空飞机那样从跑道上起飞，也不能自由地选择飞行角度。而且当航天飞机进入轨道前，还必须把固体燃料助推火箭和推进剂贮箱抛掉，其过程不仅复杂，而且耗资也较大，推进剂贮箱不能重复使用。另外，航天飞机发射准备时间很长，1个月只能飞行两次，限制了航天资源的充分而有效的利用。总之，由于航天飞机的这些不足，使它的运载费用不仅超过了10000美元/千克，更是大大超过了设计者最初提出的350美元/千克的目标。

为克服航天飞机的不足，一种把航空飞机和航天飞机结合在一起的飞机——航空航天飞机的设想出现了。

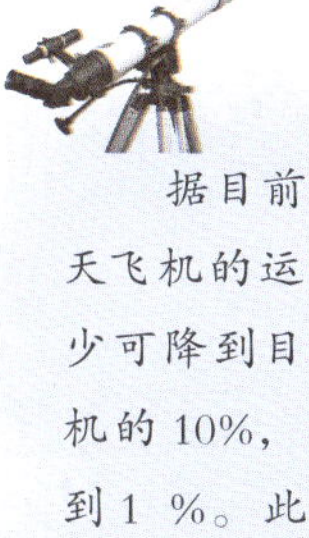

据目前估计，空天飞机的运输费用至少可降到目前航天飞机的10%，甚至可降到1%。此外，用空天飞机发射、维修和回收卫星，不需要规模庞大、设备复杂的航天发射场和长达一两个月的发射前准备，也不受发射窗口的限制。它完成一次飞行任务后，经一周的维护就能再次起飞，能适应频繁发射的需要，它的投入使用，将使人类可以方便地进入空间，"登天"就不再成为难事了。

空天飞机的飞行原理

航空航天飞机，简称"空天飞机"，是"空"与"天"的完美结合。

空天飞机将不再有固体燃料助推火箭和推进剂贮箱，因此，飞行过程中它也就无需分离什么装置。在摆脱了这些累赘之后，它将采用一种新研制的叫做"斯拉须"的高能高效油脂氢做燃料，并以强有力的新型吸气助燃液氢-液氧火箭推进发动机作为推进系统。

当空天飞机在距离地球60千米的高空时，空气中的氧气含量仅为地表的6/10000，此时，吸气助燃推进发动机因缺氧而无法工作。于是，空天飞机上电脑自动开启液氢-液氧火箭助推器，加速空天飞机的前进，使其以8千米/秒的速度直飞100千米的太空轨道。

空天飞机不再需要采用垂直发射的方式，可直接从跑道上起飞，并可选择任意飞行角度进入太空轨道。

最高时速可达3000千

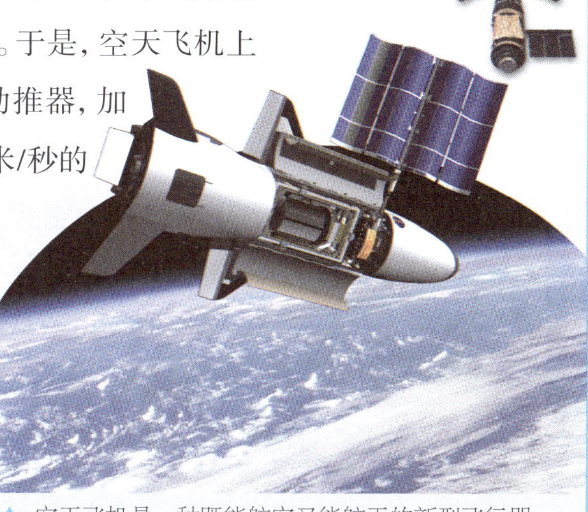

▲ 空天飞机是一种既能航空又能航天的新型飞行器

CHUANGRU TAIKONG — GAOKEJI YU HANGTIAN

美国空天飞机的“处女航”

美国空军的X-37B空天飞机原型机被称为“轨道试验飞行器1”号，它实际上是一种小型航天飞机，将于2010年4月上演“处女航”。在发射后它将进入地球轨道并在太空遨游，在太空具体逗留时间尚未确定。结束太空之旅后，X-37B将进入自动驾驶模式返回地球，最后在加利福尼亚州范登堡空军基地或者附近备用基地——爱德华兹空军基地着陆。

米的空天飞机的升空，是人类在征服宇宙的漫长征途中迈出的重要一步，相信在21世纪的太空时代，空天飞机将会大展风采。

空天飞机的类型

目前，美国、德国、日本、英国等国家开发研制的空天飞机有两种类型：一种是单级型，即把航空发动机和航天发动机装在一个飞行器中；另一种是双级型，即把航空发动机和航天发动机分别装在两个飞行器中。

美国的空天飞机是单级型空天飞机的典型代表。这种空天飞机在起飞和在大气层中飞行时，用航空发动机；当速度达到音速的15倍时，航天火箭启动；当速度逐渐提高到音速的25倍时，空天飞机就进入了高度为6万米的地球上空的轨道。

美国首批空天飞机定型为X-30。这种空天飞机在地球高层大气层飞行时，速度可达3000 ~ 4000千米/时，从伦敦飞往东京，只需2个小时。此外，英国设计的“霍托尔”空天飞机和后来美国设计的“东方列车”空天飞机，也都属于单级型空天飞机。双级型的典型代表是德国的“桑格尔”空天飞机。所谓的双级型就是指两架飞机叠在一起，一架是高超音速运输机，同时，它的背上还驮一架名为“小型有翼轨道飞行器”的航天飞机。

"桑格尔"的飞行首先由运输机驮着小型航天飞机飞到30千米的高空，当运输机加速到6倍音速时，两者分离，运输机返回地面，航天飞机点火，以更高的速度继续飞向太空。

空天飞机的主要优势

空天飞机是一种既能航空又能航天的新型飞行器。它能像普通飞机一样起飞，在有人驾驶时，能在常规机场水平起飞和着陆；还可在大气层内高速飞行，从美国的纽约飞往东京只需2小时；也能直接加速进入地球轨道，成为航天飞行器，仅需90分钟就能绕地球一周；返回大气层后，像飞机一样在机场着陆，成为自由地往返于天地之间的运输工具。凡是航天飞机能干的事，空天飞机几乎都能胜任。它可以把大的卫星送入地球轨道，一次投放多颗卫星更是它的拿手活儿；它能对在轨道上运行的卫星进行维修或回收，当然也可以对敌国的卫星实施破坏，甚至收为己有；它能向空间站运送或接回宇航员和各种物资。

一旦进入军事领域，空天飞机可作为战略轰炸机、战略侦察机和远程截击机使用，具有一般轰炸机、战斗机和导弹所不可比拟的空中攻击和防御能力，现有的防空系统都对它无可奈何。

▼ 美国X-37B空天飞机

空天飞机的历史探索

英国霍托尔空天飞机设计图

提高飞机的飞行速度一直是航空界努力的目标。空天飞机的研制将带来航空技术的新飞跃，使航空技术从超音速飞行跃入高超音速飞行的时代。空天飞机作为一种高超音速运输机，具有推进效率高、耗油低、载客（货）量大、飞行时间短等优点，是实现全球范围空运的一种经济而有效的工具。殊不知，为了实现这一目标，在空天飞机探索的道路上我们要走的路或许还很长。

空天飞机的困境

实现空天飞机的技术难度之所以比航天飞机更大，主要是三种动力装置的组合和切换，高强度、耐高温的材料（高速飞行时，空天飞机的头锥温度可达2760℃，机翼前缘达1930℃，机身下也可达1260℃）和具有人工智能的控制系统等。这些都需要进行大量的研究和技术攻关。

早在20世纪60年代初，就有人对空天飞机作过一些探索性试验，当时它被称为“跨大气层飞行器”。由于当时的技术、经济条件相差太远，且应用需求不明确，因而中途夭折；20世纪80年代中期，在美国的“阿尔法”号永久性空间站计划的刺激下，一些国家对发展载人航天事业的热情高涨，积极参加“阿尔法”号空间站的建造。据估计，空间站建成后，为了开发和利用太空资源。向空间站运送人员、物资和器材等任务每年将达到数千次之多。这些任务如果用一次性运载火箭、载人飞船或航天飞机来完成，那么一年的运输费用将达到上百亿美元。为了寻求一种经济的天地往返运输系统，美、英、德、法、日等国纷纷推出了可重复使用的天地往返运输系统方案。

1986年，美国提出研制代号为X–30的完全重复使用的单级水平起阵的“国家航空航天飞机”，其特点是采用组合式超音速燃烧冲压喷气发动机。英国提出了一种名叫“霍托尔”（或译“霍托克”，意为“水平起落航空航天飞机”）的单级水平起降空天飞机，其特点是采用一种全新的空气液化循环发动机。20世纪90年代，他们又提出了一个技术风险小，开发费用低的新方案。德国则提出两级水平起降空天飞机“桑格尔”，第一级实际上相当于一架超音速运输机，第二级是以火箭发动

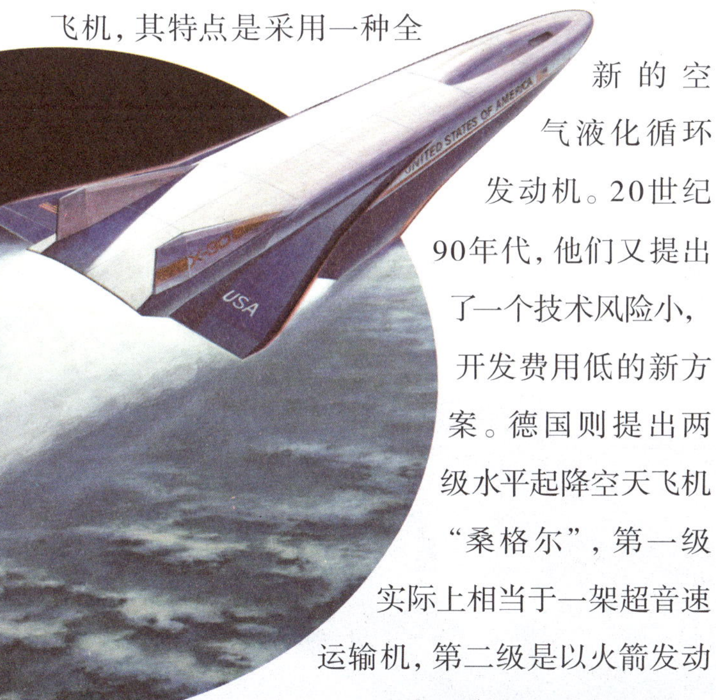

美国X–30空天飞机设计图

中国的“神龙”号空天飞机

2008年11月14日，中国“神龙”号空天飞机原型样机现身中央电视台，引起极大轰动。该项目于2000年开始理论研究，2005年进行首次技术验证，并计划在该年与美国的X–37空天飞机同样进行试飞，然而美国的X–37遭遇众多意外，面临推迟试飞甚至下马的危险，而“神龙”号在该阶段取得重大突破，并且进入实战部署阶段。然而美国于2010年4月22日，在之前实验的基础上成功地发射了X–37B空天飞机，但是“神龙”却还在我们的期待中。

机为动力的有翼飞行器。两级都能分别水平着陆。法国和日本也提出过自己的空天飞机设想。20世纪80年代末，这股空天飞机热达到高潮，也激起了中国航空航天专家的很大兴趣。

美国东部时间2010年4月22日19时52分（北京时间23日7时52分），人类首架空天飞机X—37B搭乘“阿特拉斯—5”型运载火箭发射升空试飞。当地时间是2010年12月3日凌晨1时16分，X—37B降落在美国加州范登宝空军基地。这标志着航天飞机即将被淘汰而空天飞机的探索时代即将开始，就让我们拭目以待吧！

美国X-37B空天飞机首飞成功

第三篇
留居宇宙的“守候者”

空间站：天空之城

国际空间站属于组合式空间站

当人类已不满足于只在太空做短暂的旅行时，我们就会需要一个可以长期工作和生活的基地，而空间站正好扮演了这样一个“家”的角色，它或许在某种程度上为我们将来移居太空吹响了前奏。

欧洲航天局局长多丹2010年5月31日在世界月球会议上表示，中国在探月等空间探索方面拥有非常强大的能力，国际空间站全体成员都希望中国能够加入。国际宇航联合会主席费尔巴赫在致辞时表示，中国飞速发展的太空计划以及在探月方面所取得的巨大成绩，是国际宇联选择在北京举办此次世界月球会议的重要原因。

就如同宫崎骏在《天空之城》里描绘的那样，空间站就好像是一个悬在太空中的“家”，并且拥有强大的力量。不同的是，“天空之城”是由树枝贯穿起来的，而空间站则是由各个不同功能的航天器组装而成的。

空间站通常由对接舱、气闸舱(过渡舱)、轨道舱、生活舱、服务舱、专用设备舱和太阳能电池阵等几部分构成。对接舱是用来停靠载人飞船或其他航天器的，有的空间站有几个对接口，可以同时停靠多艘载人飞船，以便于运送物资和更换宇航员。气闸舱设置在对接舱与轨道舱之间，是一个加压通道，里面有一个供宇航员出舱活动的气闸出入窗口。这个窗口在宇航员或物资出入时，可防止宇宙物质进入轨道舱。轨道舱是空间站最重要的舱段，里面有各种先进的设备。因此，它也是宇航员的工作场所，宇航员可在这里进行各种实验。生活舱是供宇航员进餐、睡眠和休息的地方。服务舱内则装有推进系统、气源、电源等设备，专门为整个空间站服务。专用设备舱是根据不同的飞行任务，装载不同的仪器设备。

在类别上，空间站又可以分为单一式和组合式两种。单一式空间站是由运载火箭或航天飞机直接发射入轨的空间站，而组合式空间站则是由若干枚火箭多次发射或航天飞机多次飞行，把有关材料运

▲ 宇航员在空间站开展各种实验

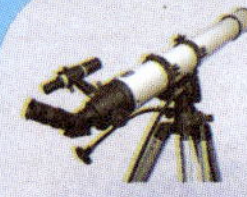

空间站的发射历史

到目前为止，全世界已发射了9座空间站。其中苏联共发射8座，美国发射1座。按时间顺序讲，苏联是首先发射载人空间站的国家。它1971年4月开始陆续发射了礼炮1-7号空间站并实现宇航员在空间站内长时间生活、工作。美国在1973年5月14日成功发射一座叫“天空实验室”的空间站，并进行了一系列医学、科学、生物等试验。中国在2009年推出了发射“天宫一”号空间站的计划，将于2011年下半年发射“天宫一”号目标飞行器，2015年前发射“天宫二”号、“天宫三”号空间实验室，2020年建成中国自己的空间站。

送到轨道上组合安装而成的空间站。组合式空间站又可以分为模块式和桁架式空间站，组合式空间站先在地面上制造好舱段，再用火箭发射到太空中依次拼接而成，桁架式空间站用长达几十米或上百米的巨大桁架做骨架 ，就像往挂衣架上挂衣服一样，把各种舱段、设备和太阳能电池阵挂到桁架上，而后者将成为未来空间站的发展方向。

空间站就像是一个悬浮在宇宙空间的航天魔方，凝聚着人类无穷的智慧，对我们产生多方面的影响。

首先，建立了空间站，就可以长期进行轨道飞行。空间站持续飞行的时间可长达数年、数十年甚至更长，这就为空间生命科学研究、人体在空间长期失重状态的适应研究以及其他空间科学研究创造了良好的条件。

第二，为人类长期航天，特别是星际旅行建造人的生命维持系统、试验长期飞行的设备和技术等方面创造条件。

第三，空间站也可以成为今后建立月球居民区和未来火星载人飞行的中转站，成为未来到月球、火星载人航天器的一个组装、试验和起飞点，也可利用空间站试验和合成各种新材料，为建设太空工厂做工艺实验准备。

第四，空间站失重和真空的环境，为生产超纯度晶体、医学及生物制剂提供条件。这对发展电子工业、造福民众具有不可估量的意义。

第五，可以在空间站上观察地球表面的情况，进行环境监测、资源勘探等活动。

很显然，空间站已经成为人类移居太空的跳板。

▲ 从空间站可以对地球进行检测与勘探

盘点“明星”空间站

“亚特兰蒂斯”航天飞机与“和平”号空间站对接

美国普林斯顿大学物理教授杰·奥尼尔曾设想在太空建造一个有山，有湖，有公园，但没有污染和疾病的大型空间站“一号岛”，并实现向太空移民，在站中生产药品、晶体和精密机械零件，逐步发展太空农业，在月球采矿。也许正是因为有这样敢于设想的人类，才会诞生一个又一个的太空明星，而在“明星”光环下，他们又肩负着怎样的艰巨任务呢？

中国的空间站展望

我国将于2011年下半年发射天宫一号目标飞行器，其重量有8吨，类似一个小型空间实验站，在之后两年中，我国将相继发射神舟八、九、十号飞船，分别与天宫一号实现对接。计划于2014年用“长征五”号把中国空间站送上

苏联“礼炮”号空间站

1971年4月19日，苏联的“礼炮1”号空间站由“质子”号运载火箭送入轨道，成为世界上第一座空间站。

“礼炮”号拉开了人类探知宇宙世界的新序幕。之后，“礼炮”系列的2号、3号、4号、5号空间站陆续登场，它们与“礼炮1”号一起属于苏联的第一代空间站。1977年9月29日苏联发射“礼炮6”号空间站，在太空飞行近5年，共接待18艘“联盟”号和“联盟T”号载人飞船。有16批33名宇航员到站上工作，累计载人飞行176天。其中1980年宇航员波波夫和柳明创造了在空间站飞行185天的纪录。1982年4月19日“礼炮7”空间站进入轨道飞行，接待了“联盟T”号飞船的11批28名宇航员，其中包括第一位进行太空行走的女宇航员萨维茨卡娅。特别是1984年3名宇航员基齐姆，索洛维约夫和阿季科夫在空间站创造了237天的飞行纪录。“礼炮7”号空间站载人飞行累计达800多天，直到1986年8月才停止载人飞行。

苏联的“礼炮”号空间站可以说是开创了空间站的历史。

太空。该太空站大致包括一个核心舱、一架货运飞船、一架载人飞船和两个用于实验等功能的其他舱，总重量在100吨以下。

美国的“天空实验室”

1973年5月14日，不甘示弱的美国也成功发射了“天空实验室”空间站。它由轨道舱、过渡舱、多用途对接舱和太阳望远镜四部分组成，连同与其对接的“阿波罗1”号飞船，全长36 米，最大直径6~7米，重82吨，能提供360平方米的工作生活空间。

“天空实验室”

“天空实验室”共接待了3批共9名宇航员，他们在这里进行了天文、地苏联的空间站上天以来，一直与“联盟”号系列载人飞船和“进步”号系列货运飞船一起，共同组成轨道联合体执行载人航天飞行任务。“联盟”号系列载人飞船已更换三代，主要作为空间站的载人工具。“进步”号系列货运飞船执行向空间站定期补给食品、货物、燃料和仪器设备等任务。

理和医学等270项科学研究。他们用太阳望远镜共拍摄了18万张太阳活动的照片，还拍了4万多张地球表面的照片，研究了空间活动的多种现象。1974年2月第三批宇航员离开太空返回地面后，“天空实验室”便被封闭停用，直到1979年7月12日在南印度洋上空坠入大气层烧毁。它在太空运行2249天，航程达14亿多千米。

苏联“和平”号空间站

1986年2月20日，苏联的第三代空间站“和平”号由“质子”号运载火箭送入近地轨道。从“和平”号核心舱发射入轨，到对接上最后一个舱段，历经五次对接、十年时间，终于完成了“和平”号的建造。

模块式结构的“和平”号由轨道舱、对接舱和服务舱组成。其核心舱的前后轴向各有一个对接口，在对接过渡舱的周边向还有4个对接口。前后轴向对接口可对接载人飞船和运载飞船；周边向对接口主要用来对接功能舱，包括量子1舱、量子2舱、晶体舱、光谱舱和自然舱。完整的“和平”号空间站，就是核心舱和这些功能舱的组合体。“和平”号空间站是20世纪技术最先进、重量最重、寿命最长、载人最多、贡献最大的航天器。15年来，先后有12个国家、28个宇航组、137名宇航员在站上工作过。美国4架航天飞机先后9次与“和平”号对接，创下了最重的航天器(223吨)和最多的宇航员(10名)一次聚会的纪录。

2000年底俄罗斯宇航局因"和平"号部件老化(设计寿命10年)且缺乏维修经费，决定将其坠毁。"和平"号最终于2001年3月23日坠入地球大气层，碎片落入南太平洋海域中。之后"和平"号的研究任务由国际太空站所取代。

▲ "和平"号空间站

国际空间站与空间平台

你是否认为茫茫宇宙意味着一个迷失的乐园，没有方向、没有驻足的地方。那你就错了，在宇宙中，我们同样可以拥有一个“家”的位置，它是所有航天器的“加油站”和“休息室”。在这里，我们可以进行一系列的科学实验，体味着月下赏桂的心情。

国际空间站内部

国际空间站发展史上的小意外

2003年初发生的“哥伦比亚”号航天飞机失事悲剧，使美国宇航局停飞了所有的航天飞机。在这期间，空间站的人员和物资运输完全依赖俄罗斯的“联盟”号飞船，空间站上的科学研究活动也尽可能地被压缩了。

国际空间站

1983年美国总统里根提出，在国际合作的基础上建立一个空间站。然而，直到1993年，第一个国际空间站才正式设计完成并开始实施。

1993年，美国众议院以1票的优势，通过了继续支持空间站的计划。同年，美国副总统与俄罗斯总理签署了一项空间合作协议，双方同意在各自现有的空间站计划的基础上联合建造一个包括欧洲航天局、日本、加拿大的部件的国际空间站，即“阿尔法”国际空间站。但在命名上遭到俄罗斯的反对，所以之后就叫“国际空间站”。

国际空间站是模块式和桁架式结构的综合体。其立桁架、居住舱、实验舱、节点舱等由美国研制；其服务舱、多功能舱由俄罗斯研制；其“哥伦布”轨道设施由欧洲空间局研制；其移动服务系统由加拿大研制。国际空间站建成之后，长110米，宽88米，容

当2006年决定恢复空间站的使用时，突然发现航天飞机隔热材料在升空飞行中脱落，于是再次停航。这两次意外导致国际空间站的预算和建造时间都比预期更多和更长。

国际空间站

积达1202立方米，总重有423吨，有一个足球场那么大，可居住六七名宇航员，计划运行10年。

国际空间站的建站计划，从开始运作到全部完工长达10年，分为三个阶段。

第一阶段(1994年1月~1998年6月)，这一阶段主要是完成技术攻关和建站的一系列准备工作 。

第二阶段(1998年11月~1999年6月) ，本阶段的主要目标是建成1个具有载3人能力的初期空间站。其完成的标志为第一个组件“曙光”号功能舱和第二个组件“美国团结”号节点舱发射成功。

第三阶段(2002年~2005年12月)，为最终装配和应用阶段。国际空间站建成后，可载6人，工作寿命为15~20年。

组装成功后的国际空间站作为科学研究和开发太空资源的手段，为人类提供一个长期在太空轨道上进行对地观测和天文观测的机会。

空间平台与空间站的区别

从本质上说，空间平台并不是空间站，虽然空间平台也能完成空间站的一部分任务，例如天文观测、新技术试验、空间生产等，但是最大的区别在于空间站上有良好的生命保障系统，可长期载人，可灵活地开展各项工作，从事必须有人进行的一些太空研究项目；而空间平台则只是一种能受人短期照料的无人航天器，充其量只能有非常简易的生命保障系统，因此它只能是一个“无人空间站”。

空间平台

空间平台的诞生正是航天技术发展的体现，随着越来越多的航天器进入太空，更多的问题也逐渐产生。而空间平台正是应对这种问题的最佳方案。

空间平台是一种能同时装载、运行多种有效载荷，并以“资源共享”的方式集中提供各种公共设施和能接受在轨服务的大型空间结构。它是由航天器

宇航员在国际空间站安装组件

群组成的共同开发系统，是一种非常理想的太空开发工具。它一般采用太空组装的建造方式，即把平台的构件分批送上太空，然后装配、调试、运行。

空间平台有多种类型，常见的有极轨平台、共轨平台、静止平台、地球观测极轨平台、科学与应用平台等，而由欧洲空间局提出的专用通信平台近年来逐渐受到广泛关注。由于空间平台不载人，因此无污染、投入少并且能够协调多学科的关联工作和各种有效载荷同步工作，成为21世纪应用卫星的发展趋势。

太空中的“高楼大厦”

太空城是未来的宇宙移民点

在浩瀚无垠的太空中，一座座“高楼大厦”在日夜不停地运行着；数十万甚至上百万的地球人在这里工作和生活；城市环境幽雅，绿树成荫，小桥流水，蛙鸣鸟叫……简直就是一个世外桃源。这就是未来的太空城市。

追根溯源，国际空间站实际上起源于美国著名的“星球大战”计划。里根执政期间，美国政府提出发展“星球大战”计划，同苏联相抗衡，作为配套设施，计划建设“自由”号空间站。苏联解体后，俄罗斯已不再对美国构成往日的严重威胁。布什执政期间，“星球大战”计划搁浅，“自由”号空间站计划也被搁置，直

什么是太空城呢？太空城必然不仅仅是简单的空间站，因为太空城作为宇宙移民点，它应该是自给自足的，首先是食物的自给自足，但目前空间站上的生活品都是从地面上运去的。

早在20世纪初期，“航天之父”齐奥尔科夫斯基就预言：人类将在地球周围的宇宙空间建立广阔的居民区。那么，你是否想过，这个居民区应该建在太空的什么位置呢？

现代的科学家们认为，把未来的太空城建在拉格朗日点上是最佳的选择。这样可使太空城永远成为地月系统的一部分，永远与地球和月球保持相等的距离，而不像其他位置的人造天体那样，随着时

间的推移会悄悄地改变自己的位置。

到 1993 年克林顿上台，“自由”号空间站的建设被叫停。

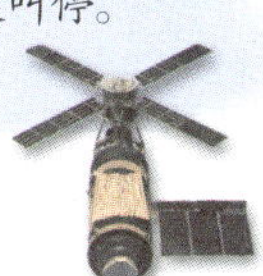

然而建立太空城并非易事，科学家们必须解决人类生存所需要的水、食物、空气、阳光、重力和防宇宙射线和太阳辐射等问题。为此，科学家们要建造生物圈，以解决空气、食物和水的问题；要采用旋转或系缆等方法产生人造重力；还要保证正常的昼夜交替等。

为建造可供人们长期生活、工作和旅游者短期居住的太空城，科学家们除了对即将面临的困难进

▲ 太空城需要建造生物圈

行分析以外，还进行了大胆的设想，主要有三种设想方案：

1.“向日葵”式太空城。主体是一个直经达450米的圆筒，以2转/分的速度自转，这样可以产生人工重力，人在上面生活工作像在地球上一样。周围配备圆锥形反射镜反射阳光，最外边是农业区，最上面是聚光镜，靠这面镜子聚集的阳光发电为城内提供电能。“向日葵”太空城可居住1万人左右。

2.“伞架子”式太空城。美国普林斯顿大学物理学家奥尼尔博士设想的“奥尼尔3号岛”太空城像一把张开的伞，伞把是两个巨大的圆筒，直径有6500米，长3200米。在这两个大圆筒里可以住100多人。两个伞把用传送带连到一起，以1转/分的速度旋转，从而产生人造重力。伞把的四周是玻璃窗，窗外用挡板遮挡着，挡板的开闭控制白天与黑夜的交替。

圆筒里边是真正的城市，不仅可以拥有齐全的基础设施，还可以营造出真实感觉的春夏秋冬、雨雪风寒。

3.“轮胎”式太空城。这样的太空城像一个巨大的轮胎。其直径为1800米，仅大圆环的截面直径就有130米，里边可供1万人长久居住。圆环以1转/秒的速度自转，产生重力环境。圆环的上方安装了一面巨大的镜子，将光线折射到圆环中央的镜子上，然后由它折射到圆环的百叶窗上。百叶张开，里面为白天；

什么是拉格朗日点?

1772年，意大利天文学家拉格朗日曾指出：如果以月球为中心，以月地距离为半径画一个圆弧，再以地球为中心，用同一半径画一个圆弧，则这两圆弧会有两个交叉点。这两个点由于到月球和地球的距离相等，而且处于月球绕地球旋转的轨道上，地球和月球的引力在这里基本保持平衡。因此，任何处于这两个点的物体都会长期保持这个位置。当处于这两个点的物体与月球围绕地球运行时，它们会与月球同步，一起绕地球运行。后人将这两个点称为“拉格朗日点”。

百叶闭合，里面为黑夜。

为了探索太空城方案的可行性，1991年，美国曾实施了“生物圈二”号计划。这个计划是在地面营造一个准太空环境，选派8名男女研究人员，调集大约3800种动植物，一起被封闭在由玻璃、钢材搭建的建筑物内，形成一个密闭式的生态系统，模拟人在太空长期自给自足的生活。但遗憾的是由于建筑物内的二氧化碳没有办法处理，最后，试验以失败而告终。继美国之后，日本正在执行“生物圈”计划，对太空的自给自足的生活进行探索。

相信随着世界各国航天技术的发展，人类移居太空城市的千年梦想终将实现。

▲ 美国“生物圈二”号计划位于亚利桑那州

同步卫星：静谧的伙伴

在浩瀚的宇宙，有上百颗人造卫星像地球形影不离的伙伴一样，日夜不知疲倦地运行着。究竟是怎样神奇的技术，能够让同步卫星与地球同步而行呢？

地球赤道平面上空的轨道已经有百余颗同步人造卫星

轨道倾角

卫星的轨道平面是人们假想的一个包含其轨道的平面，它与地球赤道平面之间的夹角被称为“轨道倾角”，简称“倾角”。轨道倾角的设定，对于发挥卫星的最大效益及选择卫星发射的时间、动力能源的配置等起着决定性的作用。

目前，地球赤道平面上空35786千米的轨道上，已有100多颗同步人造卫星，其中包括我国在1984年发射的第一颗地球同步轨道通信广播卫星。

同步卫星，简言之就是与地球自转同步的人造卫星，即它绕地心旋转的速度和地球自转的速度必须一致，运转周期与地球自转的周期必须相同，都为23小时56分4秒。

因此，从地面上看去，与地球同步的同步卫星，好像固定在天上不动一样。这就如同在一辆快速前进的火车上，由于乘客的运动速度都相同，相互间的位置始终保持不变，处于相对静止的状态一样，所以这种卫星又称为“静止卫星”。

目前，发射地球同步卫星技术相当先进，世界上只有美国、俄罗斯、欧洲航天局和中国有能力发射这种同步卫星。那么，发射地球同步卫星都有哪些技术上的要求呢？

卫星之所以不会受到地球的引力而坠落下来，是因为它绕地心旋转产生的离心力与地球引力相平衡。要获得这一平衡只有两个途径，或者加快运行速度，或者增加旋

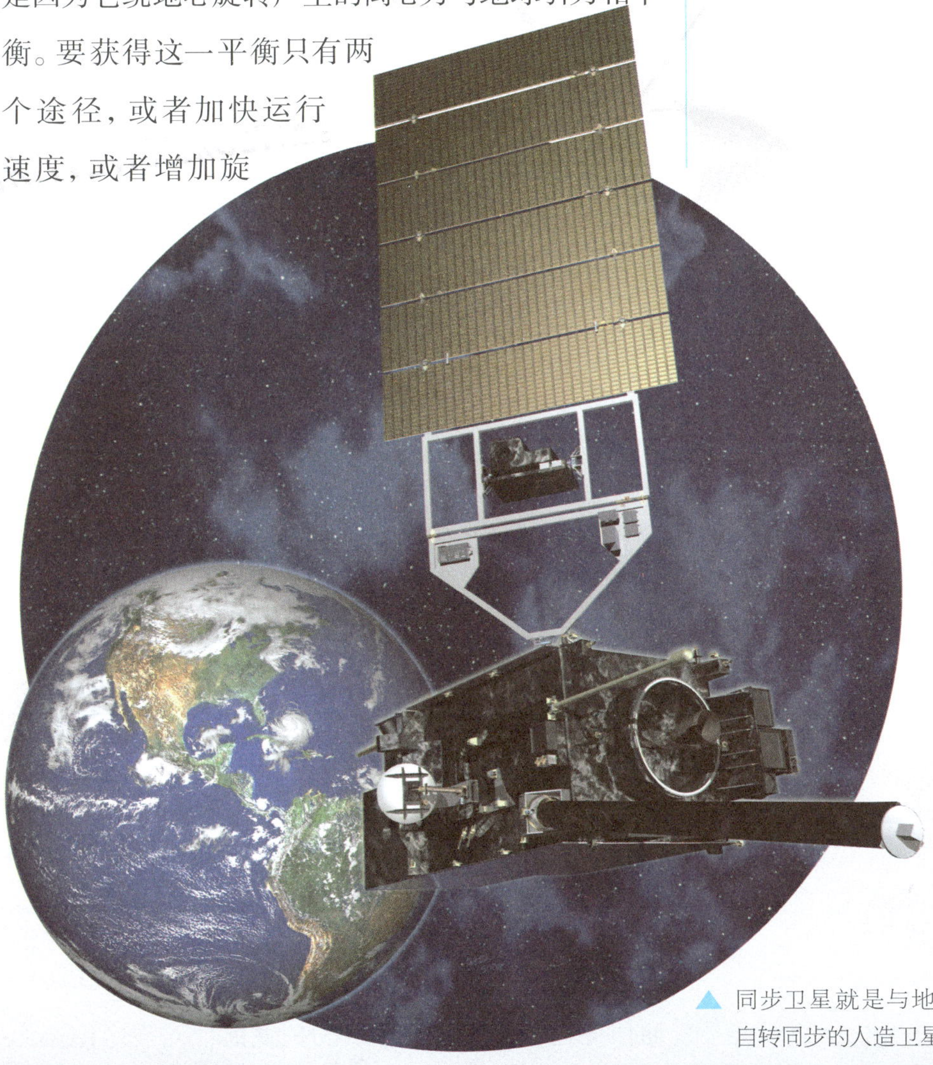

▲ 同步卫星就是与地球自转同步的人造卫星

卫星轨道

如果把地球看成一个均质的球体，那么它的引力场就是中心力场，它的质心为引力中心。要想使卫星在这个中心力场中作圆周运动，卫星就必须获得水平方向的第一宇宙速度。这时卫星的飞行轨迹就叫“卫星轨道”。

转半径的距离。而地球同步卫星的运行速度是与地球相同的，因此只能从距离方面着手，使同步卫星达到足够的高度它才不会坠落。经计算得出，只有运行在离地面高为35786千米太空的人造卫星，才能与地球同步运行，既不会飞离也不会坠落。因此，人们将35786千米的高空轨道称为“同步轨道”。而要将同步卫星发射到同步轨道上，却是相当困难和复杂的。因为受火箭运载能力的限制和发射场一般不处于赤道上的影响，多数运载火箭不能将卫星直接送到同步轨道上，必须分为以下三个阶段才能入轨。

第一步，运载火箭将卫星送到距地面200~300千米的停泊轨道。

第二步，以停泊轨道的环绕速度将卫星加速送到转移轨道与同步轨道相切处，即转移轨道的远地点。

第三步，在远地点上点燃发动机，使卫星进入地球同步轨道，并用卫星上的小发动机调整卫星的姿态，使卫星完全进入同步轨道。

1990年，我国“长征三”号火箭首次发射美国休斯公司的“亚洲一”号通信卫星，使卫星的入轨精度居该公司自己生产、发射的32颗同步卫星之首，因而震惊了世界。

1992年、1994年，我国的“长征二”号E捆绑式火箭再次发射了该公司的“澳星B-1”、“澳星B-2”通信卫星，所有入轨参数的精度比合同规定值高出了几倍甚至几十倍!

从1984年我国首次发射试验同步通信卫星至2009年8月31日我国在西昌卫星发射中心用“长征三号乙”发射印尼“帕拉帕-D”卫星，我国航天部门总共执行46次同步静止轨道卫星发射任务，除去4次失败、2次未能入轨，其余均发射成功。所有的这些都表明，我国的同步卫星技术已处于世界领先位置!

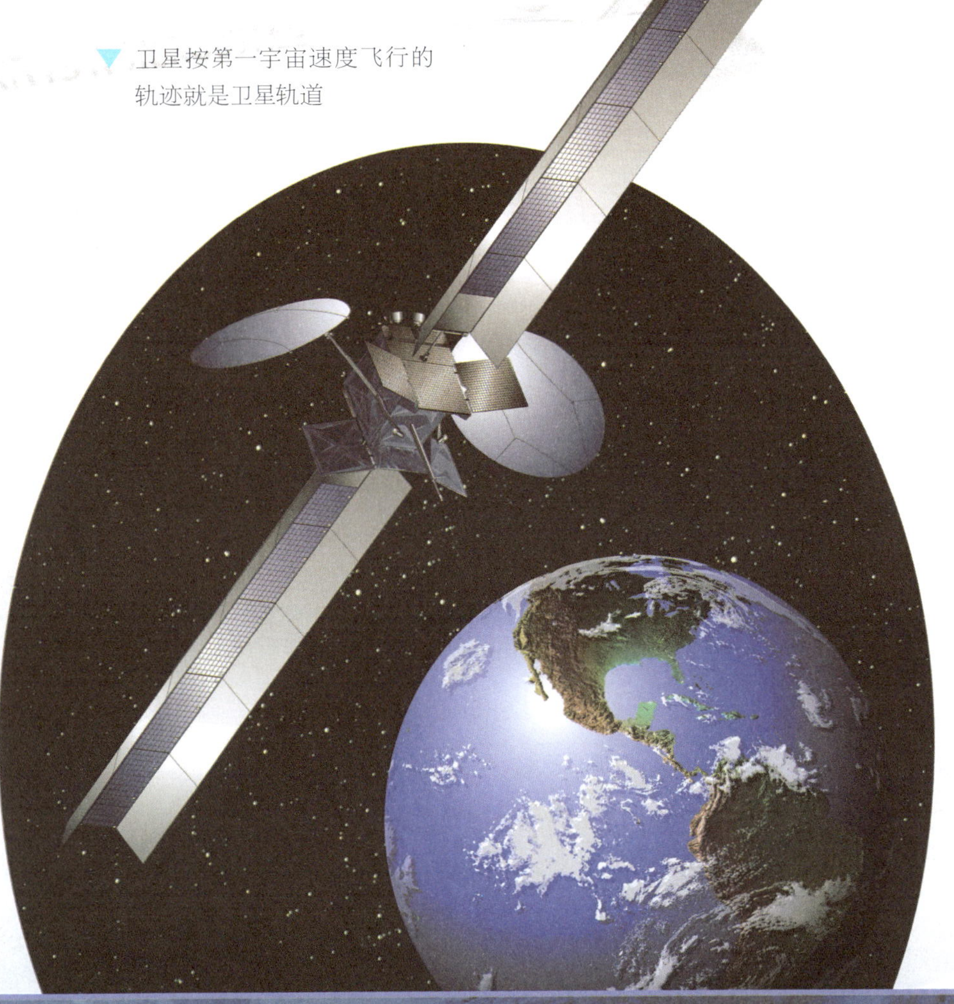

卫星按第一宇宙速度飞行的轨迹就是卫星轨道

通信导航路路通

通信卫星把全球人类联结在一起

当我们与地球另一端的亲人视频聊天的时候，当我们坐上飞机在云端没有路标的指引下顺利到达目的地的时候，你有没有产生过疑问，是什么使这些成为了可能呢？

1965年4月6日美国成功发射了国际通信卫星1号，这是世界上第一颗实用静止轨道通信卫星。苏联的通信卫星命名为“闪电号”。1984年4月8日，中国发射了第一颗静止轨道通信卫星“东方红二”号，至今已成功发射了五颗，这些卫星先后承担了广播、电视信号传输、远程通讯等工作，为国民经济建设作出了重要贡献。

世界上第一颗试验通信卫星是在1958年底发射成功的，20世纪60年代，卫星通信技术逐步发展，但它达到成熟的实用阶段，是在有了地球同步轨道通信卫星之后。

卫星通信是利用通信卫星作为中继站进行地球上各国之间的通信的，是航天技术和通信技术相结合而产生的现代通信手段。它由空间和地面两部分构成。空间的通信卫星可以通过由通信天线和通信转发器组成的专用系统来转发无线电信号。地面的组合设备可以向通信卫星发射无线电信号，也可以接收来自通信卫星的信号，可以设在陆地上，也可以设在海洋船只或在大气层中飞行的飞机上。

卫星通信是通过通信卫星对无线电信号进行放大和转发来实现信号传输的，不受高层大气、气候、季节、距离等条件的限制，传输

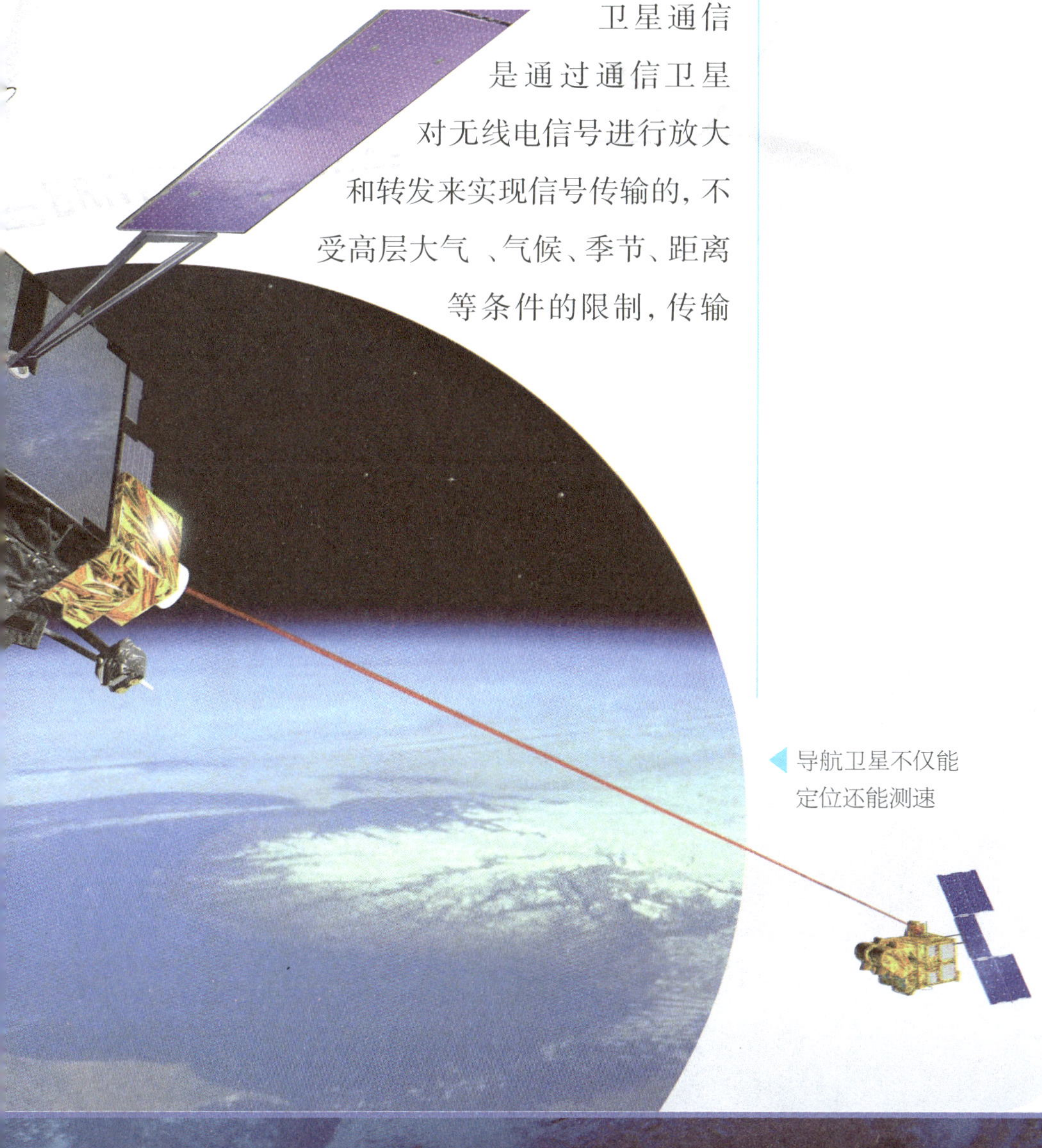

导航卫星不仅能定位还能测速

质量高，稳定而可靠。各地面地球站只需一个天线和一套接收发射装置就可进行工作。由于卫星通信的费用与通信距离无关，因此对远距离的通信最为经济。

航天技术的发展促使通信业务不断扩大，通信卫星不断向专业化方向发展，除国际公共通信卫星外，出现了各种专用通信卫星，使各种专业化通信网日益增多和完善。

完全可以说，航天技术的发展，不仅改变了传统的通信体系，而且为人类的全球卫星通信架起了“空间之路”，使地球人全球卫星通信的梦想变成了现实。

▼ 车载全球定位系统

对舰船、飞机等进行全球导航定位用的人造卫星，叫导航卫星。它首先应用于舰船导航，后又扩大至飞机导航；先是定位，后来不仅能定位，还能测定速度。

早期投入运行的Tsikada卫星导航系统拥有4~5颗高度1000千米、倾角83°的圆形轨道卫星。其提供的服务覆盖全球。

用户数量不受限制，确定航海船只的位置误差为100米，视纬度不同而每一小时或两小时定位一次。

新一代卫星导航系统，如CLONASS系统，不仅能连续确定海船的位置，还能在全球范围内确定民航飞机的位置，甚至还能确定它们的航速。这对提高民航飞机的运行效率和飞机安全具有重大意义。

目前，我国也有了自己导航卫星“北斗导航卫星定位系统”（CNSS），它是区域性有源三维卫星定位与通信系统，是继美国的GPS、俄罗斯的CLONASS之后的第三个成熟的卫星导航系统。

今天的导航卫星不仅可用来为舰船、飞机、火车导航，也可用来测定地面上或海洋中任何一点的精确位置，几乎分毫不差。随着导航卫星全球定位系统(GPS)的建立，它已经成为现代海、陆、空交通中不可或缺的导航系统。

1958年初，美国科学家在跟踪第一颗人造地球卫星时，意外发现收到的无线电信号有多普勒效应，也就是卫星飞近地面接收机时，收到的无线电信号频率逐渐升高；卫星远离后，频率就变低。这一有趣的发现，揭开了人类利用人造地球卫星进行导航定位的新纪元。

太空间谍：侦察卫星

侦察卫星被称为太空间谍

1973年10月中东战争期间，美国获知埃及二、三军团的接合部没有军队设防的情报，并迅速通报给以色列，以军装甲部队随即偷渡过苏伊士运河，切断了埃军的后勤补给线，使战争形势发生逆转。到底是什么充当了美国的“间谍”获取了这么重要的情报呢？

世界上第一艘载人宇宙飞船虽然是苏联在1961年4月12日发射的，但是它在侦察卫星的研究方面还落后于美国。美国的“发现者1”号侦察卫星在1959年升空之后，苏联大大加快了其在侦察卫星方面的研究。1962年3月16日，苏联的第一颗侦察卫星“宇宙1”号升空，并且使全球震惊的是，在接下来的短短9个月

侦察卫星，又称间谍卫星，它本领高强，行踪不定，能从茫茫的太空中摄取敌方情报，人们将其称为幽灵般的“太空间谍”。它是军事卫星中数量最多、用途最广的卫星。

“侦察卫星家族”非常庞大，“成员”种类繁多，按照用途的不同，可分为照相侦察卫星、电子侦察卫星、弹道导弹预警卫星、海洋监测卫星和核爆探测卫星等。

照相侦察卫星依靠星上的照相机来获取地面的信息。目前在轨飞行的主要是第五代和第六代侦察卫星，它们增加了红外成像设备，有效地提高了卫

星在恶劣天气条件下和夜间的侦察能力。

电子侦察卫星专门窃听和截获敌方各种无线电信号，是一种专门用于侦收雷达、通信和遥感等系统所辐射的电磁信号的卫星。它能够测定出发射信号的地理位置，且不受地域的限制，能在各种气候

时间里，苏联一口气发射了“宇宙1”号至“宇宙12”号共12颗照相侦察卫星。

▲ 侦察卫星有不同的种类

中国很早就认识到侦察卫星的重要性。早在1956年制定中国卫星系列规划时，就把返回式侦察卫星确定为中国卫星发展规划的一个重点。1975年获得首次飞行试验和返回的成功后，我国成为继苏联和美国之后，第三个成功发射返回式卫星的国家，拥有了日本、德国和英国等发达国家都不具备的卫星侦察能力。

条件下进行大范围的监视侦察。

弹道导弹预警卫星主要用于监视敌弹道导弹的试验发射，对敌方的弹道导弹突袭进行预警，探测来袭导弹的弹道参数、袭击的目标和飞行的时间，以便使自己有足够的时间采取必要的防御和对抗措施。

海洋监视卫星专门用于监视海洋中的舰船和水下潜艇的活动，能有效地探测和鉴别海上舰船，确定其位置、航向和速度，监听和截获舰船发出的电子辐射信号。

核爆探测卫星载有红外、紫外、X射线等多种探测器，可以探测世界各国进行核试验的情况，掌握有关核武器的发展方向、武器性能，了解其核武器的杀伤破坏性能等重要情报。

太空中飞行着各种各样的军事侦察卫星，它们分别担负着照相侦察、电子监听、导弹预警等军事任务。可以说，地球上任何一次弹道导弹试验和航天器的发射活动，都逃不过侦察卫星的“火眼金睛”；任何战略武器的部署、部队的调动、国防施工，都难逃侦察卫星的监测；甚至连水下输油管道和潜艇在水下航行的情报，侦察卫星也能迅速地获取。

当然，“太空间谍”也有自己的致命弱点，

即它上面的照相机的焦距很长，因此视角很窄，每绕地球一周只能覆盖地球上很小的面积。且随着轨道的变化，有时候要隔一两天才能第二次飞过同一地区，因此不能完全适应瞬息万变的现代战争 。

据有关专家预测，在未来的发展中，侦察卫星将朝着继续增强侦察能力、抗核爆炸和其他太空武器破坏与摧毁能力的方向发展，各种太空侦察技术将得到最充分的应用。

任何战略武器的部署和调动都逃不过侦察卫星的监测

卫星的发射与返回

茫茫的太空中点缀着许许多多的人造“星星”，它们都在遥远的地球上空兢兢业业地“工作”着。而它们当中的很大一部分，在太空中完成自己的神圣使命后，需要将卫星上的试验材料、实验生物、摄影胶卷等送回地面，为做进一步研究提供第一手资料。但是它们要怎样才能回来呢？

卫星发射需要在专门的发射基地完成

什么是反冲力

物体通过分离出一部分物体，使另一部分向相反的方向运动的现象，叫做反冲运动。反冲运动中，物体受到的反冲作用通常叫做反冲力。反冲力遵循能量守恒定律。

你是否有过这样的经历：当你把一个充足气的气球拿在手上，然后突然放手，气体从气球中喷出来，这时气球就向着气体喷出的相反方向飞出去。

这就是物理学上的反冲原理。卫星的发射和气球飞出去在原理上有着异曲同工之处。卫星的发射必须要依靠火箭的力量，燃料燃烧时产生的力量作用于地面形成反推力，火箭就能够借助这一力量飞出去了。

卫星的发射需要在专门的发射基地完成。在熟悉的“一、二、三、”口号之后第一步便是点火，然后运载火箭携带着卫星飞入太空。首先进入的是近地轨道，当卫星开始平稳运行后，火箭会再次自动点火增大速度，将卫星送入更远的以地球为焦点的轨道，并实现分离。在这里，卫星就可以摆脱地球引力的束缚自由漂浮了。

另外，由于地球是自西向东转的，卫星往往是向东发射的，这样可以充分利用地球的惯性以节省燃料。

目前能够自主发射卫星的有俄罗斯、乌克兰、白俄罗斯、中国、日本、欧洲航天局、美国等。然而随着航天技术的发展，更多的卫星被送到太空，形成了大量的太空垃圾。于是，航天器的回收也显得日益重要。

那么，卫星到底是怎样返回的呢?

▲ 地面指挥中心

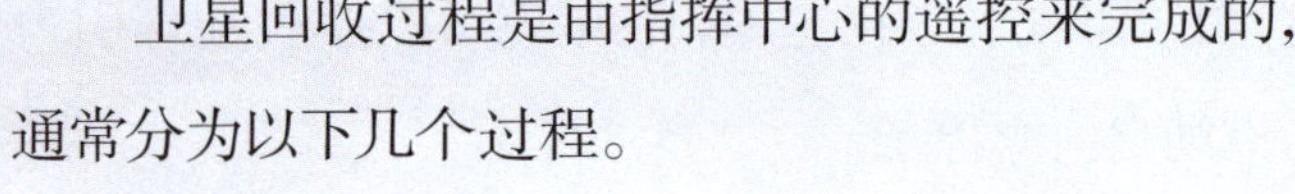

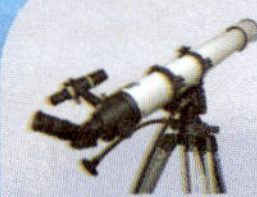

系绳卫星

系绳卫星是一种由具有足够强度的柔软性材料作为绳子与航天飞机、宇宙飞船或空间站连接一起的卫星。它最大的特点就是可以根据需要随时投放或收回。

卫星回收过程是由指挥中心的遥控来完成的，通常分为以下几个过程。

首先要启动地面站上功率强大的监视雷达进行监测，以精确测算出卫星的飞行轨道，确定开始回收程序的时间。

当太空中的卫星接到来自指挥中心的命令后，制动火箭立即启动，改变卫星的再入速度(卫星脱离原轨道的速度)，改变再入角(卫星与地平线形成的角度，一般控制在3°~5°)。改变再入速度和再入角是回收技术中最复杂、最关键的一步，要求十分精确。有人曾做过这样的计算：再入角误差0~1°，卫星的着陆点就要偏差300千米。真可谓“失之毫厘，谬以千里”。当然，再入速度和再入角的准确与否，取决于火箭点火时间、推力方向、推力大小、时间长短等诸多因素，这些分别由卫星上的不同设备来控制。一旦失误，卫星就会重新飞回太空或被烧毁。

卫星脱离原来的轨道后，会沿着弯向地面的路线向下降落。当降到离地面60~70千米时，会与大气层急剧摩擦而产生大量热能，此刻的卫星犹如一团熊熊烈火。因此，卫星的表面需要用耐高温的新型材料制作。

卫星下降到离地面16千米左右时，抛掉制动火箭和底部防热罩，依次打开降落伞系统的副伞和主伞，回收舱便缓缓落地。落地后的回收舱还能发出无线电信号，为搜索人员 前来回收提供信息。

卫星回收的方式主要有三种：一是在空中，从飞机上用钩子勾住卫星降落伞的绳子；二是在陆地，降落伞使卫星以每秒几米的速度落地；三是在海上，卫星用降落伞在海面降落，借助密封装置在水上漂浮，并施放海水染色剂，舰船和飞机遁迹将卫星收回。目前只有美国、俄罗斯和中国进行过卫星的回收，中国于1975年成为第三个掌握该技术的国家。

中国的四大卫星发射中心

1. 酒泉卫星发射中心（内蒙—额济纳旗塞汉桃来）
2. 西昌卫星发射中心（四川 凉山州冕宁县）
3. 太原卫星发射中心（山西 岢岚县）
4. 文昌卫星发射中心（海南 文昌市）

▲ 可用于卫星回收的大型降落伞

遥感卫星的神秘功能

遥感卫星能够瞬时观测地面

在我们地球的上空，有一群忠实的“守护神”，它们时刻注视着地球上的一举一动。哪里有危险，它们就会在第一时间向我们发出警报，它们还会全程为我们提供准确的情报，指导我们的救援工作。它们就是遥感卫星。

2008年，“遥感卫星一”号立下了两个大功。在年初的南方雪灾中，它穿透云层，拍到了湖南郴州地区车辆堵塞照片，为交通部的决策提供了重要依据。汶川大地震发生后，这颗卫星又拍到了我国第一张有效震区地图。在2008年度的中国科技奖励大会上，“遥感卫星一”号研制项目获得了国家科技进步一等奖。

遥感卫星主要有气象卫星、陆地卫星和海洋卫星三种类型。它们在当今社会的众多领域正发挥着越来越重要的作用，已广泛用于资源勘探、铁路选线、地震预报、地图绘制、农林考察、文物考古等国民经济领域，并已取得了明显的效果。

在太空中的遥感卫星能够瞬时观测面积很大的地区，且不受地形、地物的限制和干扰。20世纪60年代末，人们利用遥感卫星对巴西亚马孙河流域进行观测，从遥感卫星发回的调查资料中发现，那里有一片地区树木稀少，而且地面呈现出特殊的红色。后经调查证明，这片地区的地下蕴藏着丰富的铁矿，目前它已成为位于世界前列的大铁矿之一。

遥感卫星在铁路选线方面的应用更令人信服。我国的宝成铁路自1956年建成通车以来，崩塌、滑坡灾害颇多，在长期的治理过程中，耗资达7亿多人民币。正当人们对灾害频发的原因一筹莫展之时，遥感卫星的照片给出了一个明确的答案：宝成铁路

▲ 侦察卫星有不同的种类

的一些路段建在地层断裂带上。

利用遥感卫星，还可以预测地震灾害。1999年的“9·21”台湾大地震，在震前3~5天，遥感图像上就已经显示其附近海域出现爆发性增温现象。国家卫星气象中心加紧对资料进行对比分析，认为台湾即将发生地震，并初步判断出震中位置。9月21日，台湾发生了百年罕遇的7.6级强烈地震，震中位置与预测地点相距仅有30千米。

高悬在太空的遥感卫星为什么能像“千里眼”一样透过云层，穿过森林和沙土，洞察地下的矿藏？为什么能穿透土层，显示隐状在地下的地质构造情况？又为什么能预测地震和火山活动？

遥感卫星的这些神奇的本领都来自于遥感技术。“遥感”，顾名思义即是遥远感知的意思，从遥远的太空感知地球的山山水水一草一木，就像古代神话里的神通广大的“千里眼”一 样。并且，遥感卫星不单能看到远处的物体，还能感知它的温度、质地、材料等性质，甚至还能通过云层、森林、植被、沙土等地表覆盖物，探测到一定深度的地下物体。

我国在1975年11月26日，成功发射了第一颗返回式遥感卫星。3天之后，这颗卫星按预定计划顺利地返回地面，使中国一举成为世界上第三个能研制遥感航天器的国家。自此，我国的卫星

2010 年 3 月 5 日中午 12 点 55 分，我国酒泉发射中心使用“长征四号丙”火箭成功发射了“遥感九”号卫星。此次“遥感九”号被动型监视星座的成功发射，将极大地提高我国的海洋监视能力，它也因此被称为“中国的反航母天眼”。

遥感事业阔步前进。目前我国已经建立了资源、气象、海洋、环境与减灾卫星系列，初步形成了不同分辨率、多谱段、稳定运行的卫星对地观测体系，大大提升了我国卫星遥感数据获取能力，并在国土资源、生态环境、气象和减灾等领域开展了不同的应用。

▲ 遥感卫星看北京紫禁城

气象卫星与天文卫星
——下知人间阴晴，上知斗转星移

哈勃太空望远镜

随着航天技术的发展，人们将人造卫星的用途扩展到各个领域，利用它们来服务生活，或者满足求知欲。于是，有些卫星担当了太空中的“哨兵”和“眼睛”的职能。

“哈勃”太空望远镜是以美国天文学家爱德温·哈勃的名字命名的。哈勃是研究现代宇宙理论最著名的人物之一，他发现了银河系外星系存在及宇宙不断膨胀，是银河外天文学的奠基人和提供宇宙膨胀实例证据的第一人。

运行在太空间的气象卫星时刻监视着地球的气象变化，将“不测风云”变成了“可测风云”，人们亲昵地将其称为太空中的气象“哨兵”。

气象卫星起源于侦察卫星，是一种专门用来对地球和大气进行观测的卫星。1960年，美国发射了世界上第一颗气象卫星，率先将航天科技引入气象科学领域。目前，我国已经成为第三个拥有静止和同步轨道气象卫星国家。

按照运行轨道的不同，气象卫星分为地球同步轨道气象卫星和太阳同步轨道气象卫星两种类型。

地球同步轨道气象卫星又称对地静止气象卫星，它相对静止于某一地区的上空，站得高，看得远，能静观地球某一固定地区的风云变幻。一般来说，这种卫星能观测到南、北纬各50°、经度间隔70°的范围。

太阳同步轨道气象卫星又称极轨气象卫星，它的运行轨道处于与地球赤道垂直的位置，这种运行轨道就是太阳同步轨道，又称近极地轨道。太阳同步轨道气象卫星在轨道上运行时，每隔12小时它就可以把全球巡视一遍，获得全球大气变化的总体印象。不足之处是对某一特区来说，该卫星一天只能观测到两次，不能取得连续变化的观测结果。

天文是一个神秘的领域，而天文卫星的上天，为探测浩瀚的宇宙打开了一道道“天门”，冲破了一

“哈勃”太空望远镜拍摄的星系照片

2005 年是热带气旋活跃的一年，由于我国“风云二号 C”星采用了汛期加密观测模式，将观测成像间隔从原来的 1 小时缩短到半小时，使得观测时效得到极大的提高，明显地改进了台风定位和登陆预报结果。

个个掩饰宇宙秘密的屏障，成为人类遥望茫茫太空的“眼睛”。

1960年，世界上第一颗天文卫星——太阳辐射监测卫星由美国发射成功，取得了许多突破性的成果，发现的太空射线源剧增到161个。

1972年，第一颗专门用于γ射线天文观测的卫星发射升空。

1983年1月，第一颗用于红外天文观测的卫星也进入了太空。它在太空工作了16个月，获得了丰硕的观测成果：发现了5颗新彗星并计算出它们的轨道；发现数十万个以上的新红外辐射源；发现在木星和火星之间有3个绕太阳旋转的尘埃粒子环，它们很可能是小行星碰撞之后形成的小碎片。

1990年4月24日，世界上造价最昂贵的天文卫星——“哈勃”太空望远镜，被“发现”号航天飞机携带上天，在距地球612千米的轨道上，开始了它漫长的宇宙观测任务。

“哈勃”不负重望，发现了迄今为止最遥远的星系；捕获了太阳系外第一幅行星的图像；以确凿的证据证明，在宇宙中的确存在天文学家争论不休的“黑洞”……

1999年7月23日，被誉为探测宇宙新“天眼”的“钱德拉”X射线太空望远镜，由哥伦比亚航天飞机送入太空。是目前世界上最先进、功能最强的太空望远镜。人们通过它发现了2颗神秘夸克星。此外，科学家利用它拍摄到的月球X射线照片研究月球的组成元素及其分布，以了解月球的成因。科学家还利用它描绘迄今最清晰的银河系中心图像，发现那里存在大量奇妙的天体。

钱德拉X射线太空望远镜

营救卫星与海洋卫星

——海洋灾难的救援者和预知者

营救卫星可以迅速推算客机失事地点

经典影片《泰坦尼克号》以其震撼人心的悲剧式结局给人留下了深刻印象，而避免悲剧的重演就成了我们该思考的问题。影片中大船的沉没同时带走了很多人的爱情和生命。面对茫茫无际的大海，要怎样才能找到逃生的方向，救援活动又困难重重，如果当时有更好的预测条件和救援条件，那么“泰坦尼克”号的结局是否会被改写呢？

多普勒频移原理是指由于信号发射者和信号接收者之间存在相互运动导致发出的信号和接收到的信号间存在差值。多普勒频移即电波在发射者和接收者之间进行相互运动这一时间段内变化的频率大小。它

1982年10月9日晚，由3名美国水手驾驶的“冈佐”号三体赛艇在大西洋南塔基特岛以东约555千米的海域突然遭到风暴和海浪袭击，处境极其危险。水手们发出了“SOS”紧急呼救信号。美国海岸警卫队营救中心向苏联“宇宙1383”号营救卫星求助。最后营救中心成功救出三名遇险水手。

这是西方利用营救卫星进行的首次国际救援合作。

此后，苏联、美国先后在指定极轨卫星上装救

援信号转发器，并且与加拿大、英国、挪威、法国一起建立了一个包括4颗卫星、11个地面接收站的全球性卫星与地面站海、空遇难人员救援系统以帮助更多在海上、空中遇险的人们。

可以根据相对运动速度和信号波长进行计算得出。

那么，到底什么是营救卫星，它又是怎样进行救援活动的呢？

营救卫星是应用卫星的一种，它通常由卫星无线电转发器接收失事飞机和船舶上装载的应急信标机信号，并把它转发给地面信息接收站，接收站通知救援指挥中心进行营救。通常利用运行在850~1000千米高的近圆形极轨道上的卫星装载救援信号转发器，地面接收站根据应急信标机和卫星之间的相对运动所造成的无线电信号多普勒频移原理，确定失事地点位置以达到救援目的。

海岸警卫队借助卫星参与营救

搜索营救卫星的出现，为海、空遇险事故的搜索救援工作提供了强有力的帮助。营救卫星接收来自下方的呼救信号，将呼救信号迅速转发给地面接收站。地面接收站收到来自营救卫星的信号

雷达测高仪有什么作用?

雷达测高仪有两项功能:其一是测量卫星到星下点海面的距离,为测量海洋水准面提供数据,测距精度可达10;其二是测量海面的粗糙度,以便获得1～20米范围内的波浪高度数据,精度为波高的10%。雷达测高仪还能测量海啸波的高度和分布,确定海啸的传播方向,对即将被袭击的地区发出预警。

后,迅速推算出失事地点的精确位置,并及时通知营救部门前去救援,大大缩短了判明事故位置的时间,提高了遇险人员的生存率。

然而,要真正救助海洋遇险人员我们还需要有海洋卫星的配合。

装有各种遥测设备的海洋卫星,不仅能得到海洋水面的图像,还能获知海水温度、海面风速和风向、海浪高度、海面湾流等数据。海洋卫星通过自身拥有的雷达测高仪、微波散射计、综合孔径雷达、微波辐射计、可见光和红外辐射计五种功能强大的遥感器分别对海洋水准面、海面波浪、海面风、洋流运动海岸大气的变化进行实时监视并及时反馈数据。

海洋卫星主要具有为海洋专属经济区综合管理和维护国家海洋权益服务,提高海洋环境监测预报能力;帮助调查与开发海洋资源,加强海洋军事活动保障的作用。

我国于2002年发射了第一颗海洋卫星“海洋1号

A”卫星。结束了没有海洋卫星的历史。

在2010 年的上海世博会太空家园馆里，出现了一套“天地一体化应急救援系统”，预示了未来救援方式，即多种救援形式共同配合的的方法。在这样一种趋势下，营救卫星和海洋卫星在解救海洋遇险者方面应该会有更完美的配合。

▼ 救助海洋遇险人员需要有海洋卫星的配合

资源卫星与减灾卫星

——生产生活的守卫军

在资源极其匮乏的今天，怎样利用各种技术手段来寻求更多的资源和减少灾害所产生的资源浪费成为了重要的话题，航天技术也参与其中，并凭借其优势为解决这些问题发挥着重要的作用。

海洋资源卫星以寻找海洋资源为主

随着地球能源的日益匮乏，太空发电的计划被提上了日程。空间太阳能发电有两种设计方案：一是发射太阳能发电卫星，在卫星上使用太阳能发电；二是将月球作为基地，建立太阳能电站。这两种设想都是在地球外层空间利用太阳光收集器即太阳能电池阵发电。

资源卫星是指用于勘测和研究地球自然资源的卫星。它们的视线能够透过地层，发现人们肉眼所看不到的地下宝藏、历史古迹、地层结构，还能普查农作物、森林、海洋、空气等资源，预报各种严重的自然灾害。

资源卫星的运作主要是利用星上装载的多光谱遥感设备，从而获取地面物体辐射或反射的多种波段电磁波信息，然后把这些信息发送给地面站。由于每种物体在不同光谱频段下的反射不一样，地面站接收到卫星信号后，便根据所掌握的各类物质的波谱特性，对这些信息进行处理、判读，从而得到各类资源的特征、分布和状态等详细资料。这样，人们就可以免去四处奔波，实地勘测的辛苦了。

资源卫星分为两类：陆地资源卫星和海洋资源卫星。陆地资源卫星主要是用于陆地勘测，海洋资源卫星以寻找海洋资源为主。

世界上第一颗陆地资源卫星是美国于1972年7月23日发射的“陆地卫星1”号。它采用近圆形太阳同步轨道，距地球920千米，每天绕地球14圈。卫星上的摄像设备不断地拍下地球表面的情况，每幅图像可覆盖地面近两万平方千米，是航空摄影的140倍。

世界上第一颗海洋资源卫星也是美国发射的，名为“海洋卫星1”号，发射于1978年6月。它装备有各种遥测设备，可在各种天气里观察海水特征、测绘航线、寻找鱼群、测量海浪海风等。第一颗中巴地球资源卫星“资源1”号，1999年10月14日在中国太原卫星发射中心的成功发射，结束了我国没有陆地资源卫星的历史，第二颗中巴地球资源卫星则标志着我国资源卫星进入系列化、成熟化轨道，是我国卫星发展的重要阶段性成果。2007年9月19日，我国又成功地为巴西发射了第三颗资源卫星。

▲ 2010年冰岛火山爆发的卫星照片

我国是世界上自然灾

关于“AB双星”：“AB双星”实现观测任务主要依靠搭载其上的“四大武器”。这两颗卫星均载有两台宽覆盖多光谱CCD相机，设置有三个可见光谱段和一个近红外谱段，“A星”还载有一台超光谱成像仪，能更精细地监测地面的环境和灾情。“B星”则另载有一台红外相机，拥有近红外、短波红外、中波红外、长波红外等四个谱段。

害最多、损失最严重的国家之一。灾害问题日益加重和国际化趋势日益明显，使得遥感技术在减灾领域应用的必要性和迫切性越来越突出。为此，国家计划发射“环境与灾害监测预报小卫星星座”，即减灾卫星，并建立减灾卫星地面应用系统。

2008年9月6日上午11时，中国“环境与灾害监测预报小卫星”A、B卫星以一箭双星方式，在太原卫星发射中心由“长征二号丙”运载火箭发射升空。这是中国首次发射专门用于环境与灾害监测预报的卫星。它们主要用于对生态环境和灾害进行大范围、全天候动态监测，及时反映生态环境和灾害发生、发展过程，对生态环境和灾害发展变化趋势进行预测，对灾情进行快速评估，为紧急求援、灾后救助和重建工作提供科学依据，采取多颗卫星组网飞行的模式，每两天就能实现一次全球覆盖。

▲ 未来也许会利用卫星发电

第四篇
太空探测的目的地

人类为什么对月球一往情深

月球是距离地球最近的一个星球

月球是地球的卫星，与地球朝夕相伴。自古以来，流传着许多美丽的传说，如嫦娥奔月的传说。人类了解月球，走过了漫长的岁月。但是，神秘的月宫仍令人向往……

月食是一种特殊的天文现象，指当月球运行至地球的阴影部分时，在月球和地球之间的地区会因为太阳光被地球所遮闭，就看到月球缺了一块。此时的太阳、地球、月球恰好（或几乎）在同一条直线上。月食可以分为月偏食、月全食和半影月食三种。月食只可能发生在农历十五前后。

月球是距离人类家园最近的一个星球。因此，人们一直梦想能够探测月球、了解月球，因为它对人类有着极为深刻的意义。

首先，月球是人类研究宇宙和地球本身的最佳平台。科学家认为，月球表面上有能够追溯到数十亿年前被彗星和小行星碰撞的痕迹，而在地球上这些星体撞击早已被大气层所化解。这种纪录是人类的宝贵财富。

通过对月球表面上没有人为改造和破坏的某些本来面目的研究，有助于了解地球的远古状态、太阳系乃至整个宇宙的起源和演变；了解月球的成因、演变和构造等诸方面的信息；研究空间现象和地球自然系统之间的关系，可以极大地丰富人们对地球、太阳系乃至整个宇宙起源和演变及其特性的认识，从中寻求有关地球上生命起源和进化的线索。

其次，月球并非不毛之地，而是一片未开垦的宝地。月球具有丰富的物资资源。据探测，月岩中含有地壳中的全部元素，约有60余种矿藏。地球上常

月球具有丰富的物质资源

见的氧、铁、镁、钙、硅、钛、钠、钾、锰等17种元素，在月球上都可以找到。有的研究者认为，如果不把碳氢化合物计算在内，月球上的物质能为人类制造出90%的生活必需品。

月球表面覆盖着一层岩屑、粉尘、角砾岩和冲击玻璃组成的细小颗粒物质。这层物质中富含有太阳风粒子积累所形成的气体，如氦、氖、氮等。这些气体在加热到700℃时，就可以全部释放出来。尤其是月球上的氦-3，是核聚变反应的高效燃料，在月壤中的资源总量可达100万~500万吨。30吨这样的尘埃，经热核反应产生的能源，就相当于美国一年生产能源的总和，而且这种反应的放射性很低，具有经济、安全两大优点。因此，应用高技术获得月球上的各种物资资源，对于人类找到新的能源和维护永久性月球基地十分重要。

第三，用月球做基地，可进行各种深空探测活动。月球的引力只有地球的1/6，航天器从月球上起飞，可大大节省能源。月岩土壤中氧的含量占40%，可以就地生产推进剂和作为受控生态环境和生命保障系统的氧气来源。硅占20%，可为航天器制作太阳能电池阵。还可以用月球做中

美国宇航局启用了“哈勃”太空望远镜独有的能力，将人类对月球的探索提升了一个新的台阶。美国科学家利用“哈勃”拍摄的关于月球的紫外线地图，研究月球的矿藏含量。月球表面富含二氧化钛的钛铁矿，探明储量后，如果将二氧化钛中的氧分离出来，就会成为可以呼吸的氧气甚至火箭燃料。并且，科学家称，已经有证据证明这些观测图片能够告诉人们该如何从月球上开采钛铁矿。

转站，为过往的航天器进行检修和补充燃料。

另外，寂静的月球环境，也是进行空间天文学研究的理想场所，具有地质构造极其稳定、直接接收太阳辐射、没有尘埃污染、没有磁场干扰等特点，为天文观测和天文研究提供了得天独厚的条件。

这就是我们一直向往的月球。

▼ 未来的月球基地

人类探月：艰难而伟大的历程

人类经历了漫长的探月历程

人类的探月脚步是不断向前迈进的，而且不止一次地向月球踏进。从发现月球开始，到阿波罗登月成功，再到“嫦娥”奔月。

月球是地球的卫星，与地球朝夕相伴。自古以来，流传着许多美丽的传说。人类了解月球，走过了漫长的岁月。

伽利略是近代实验科学的先驱者，是意大利文艺复兴后期伟大的天文学家、物理学家、力学家、数学家，同时也是近代实验物理学的开拓者，被誉为“近代科学之父”。

首次研究：公元前3世纪至公元前1世纪，古希腊的阿利斯塔克第一次用几何学的方法测定日、月、地之间的相对距离和大小。他的著作《关于日月的距离和大小》被认为是人类最早的研究月球的书籍。

首次看月：1609年，伽利略将一架能放大30倍、做工粗糙的望远镜对准了月球。欣喜若狂的他将观测到的景色绘制成月面图，这便是人类第一次得以仔细观察到的月球面容。

首张月图：1647年，波兰天文学家赫维留经过10年坚持不懈的观测，发表了第一张月面详细图。

首次登月：1959年，苏联发射了“月球2”号宇宙飞船，并成功登月，开创了人类器械使者登月的先河。紧接着，“月球3”号宇宙飞船发回了首批月球表面的图片。

首次踏月：1969年，“阿波罗11”号宇宙飞船，载着3名宇航员在月球着陆，尼尔·阿姆斯特朗和伯兹·阿尔德林跨出登月舱，踏上月球的陆地，成为人类历史上最早踏上月球的人。这次月球之行在月球上留下了人类的脚印，然而到了20世纪70年代中期至90年代初期，人类的月球活动便停止了。直到1994年，美国的“克莱门蒂1”号探测器发射成功，奏响了人类重返月球的序曲。美国“月球勘探者”号发射升空，发现月球上有水之后，多国纷纷提出了雄心勃勃的21世纪月球计划。

宇航员伯兹·阿尔德林在月球表面留下的脚印

欧洲空间局为有步骤地进行月球探测，从21世纪初至2020年计划分为4个阶段。第一阶段是发射数颗月球卫星，勘测月球资源，并把一部分登月舱和月球车送上月球，考察月球南极地形、地貌和环境，为未来建立月球基地积累数据

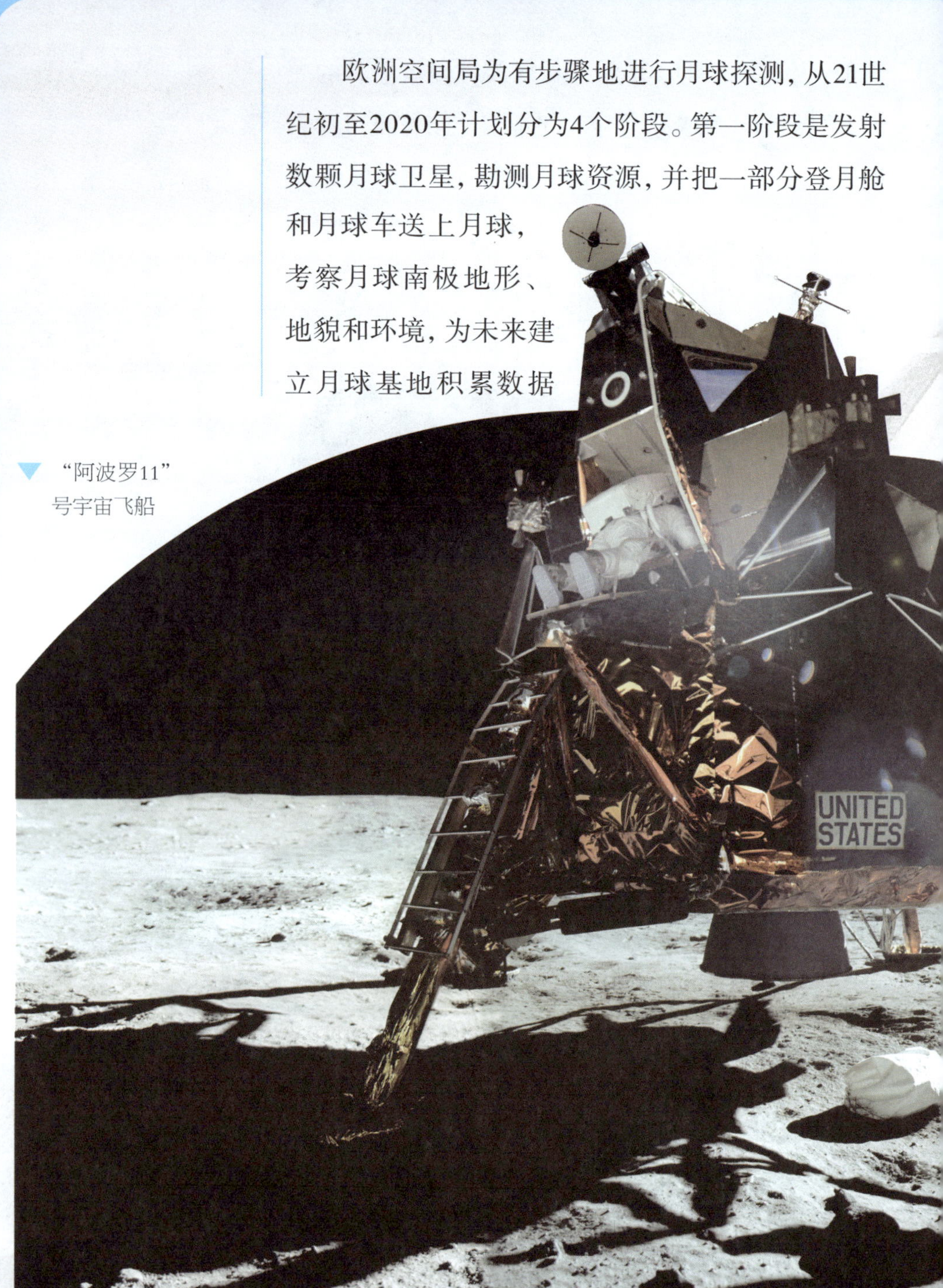

"阿波罗11"号宇宙飞船

资源；第二阶段是发射月球遥控机器人，进行月球化学成分分析和物理探测；第三阶段是就地取材进行月球上的材料生产；第四阶段是完成月球基地建设，宇航员进驻永久性月球基地。

2007年9月14日，日本第一颗绕月探测卫星“辉夜姬（月亮女神）”号顺利发射升空，同年10月5日，“辉夜姬”进入绕月轨道，成为日本第一个月球轨道探测器。而且日本已经推出了宇宙开发的2025年计划，并打算启用拟人化机器人打造月球基地。

中国已于2004年开始了”嫦娥”探月计划，分三步走——“绕”、“落”、“回”。并在2007年发射了“嫦娥一”号探测器，目前它已经完成工作。最终在2020年之前，中国研制的机器人将把月壤样品采回地球。

印度的登月计划拟分三步走：第一步是发射无人探月器；第二步是在2015年将宇航员送上太空；第三步是在2020年将宇航员送上月球。

人类探索月球的脚步不会停止，更加清晰的月球将慢慢浮现在我们眼前。

月球形成的理论探讨

关于月球是怎样形成的理论，目前最广为接受的一种是：一颗火星大小的入侵星体撞上地球，其碎片与被轰出的地壳抛至太空中形成环绕地球的气体盘，一般相信月球就是从这气体盘中形成的，形成之初的距离比现在月球的位置要近许多，可能是 1/2 左右，但由于潮汐力而渐渐远去，所以月球形成之初大约距离地球 十六万至二十四万千米。

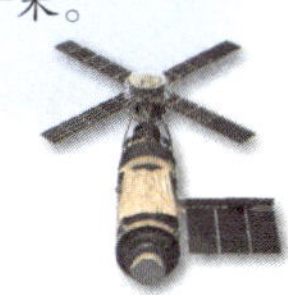

嫦娥奔月——中国探月工程

“嫦娥”号探月卫星模拟图

“白兔捣药秋复春，嫦娥孤栖与谁邻？今人不见古时月，今月曾经照古人。古人今人若流水，共看明月皆如此。”

诗中描绘了美丽的月球，我们国家已经对这美丽的玉盘做了多年的探索。

自从美国与苏联开始探月计划之后，我国也悄悄地开始了自己的探月行动，因为自古以来有个美丽的嫦娥奔月的神话传说，所以我国把这个探月计划命名为“嫦娥”工程。

“嫦娥”探月工程经过10年的酝酿，最终于2004年确定并开始实施，整个工程共分为：“绕”、“落”、“回”3个阶段。

第一期“绕”月工程，是在2007年发射探月卫星“嫦娥一”号对月球表面环境、地貌、地形、地质构造与物理场进行探测；第二期“落”工程，时间为2007年至2010年，目标是研制和发射航天器，以软着陆的方式降落在月球上进行探测；第三期“回”

工程，时间将在2011至2020年，目标是月面巡视勘察与采样返回。此工程的结束将使我国航天技术迈上一个新的台阶。

嫦娥记事

2007 年 10 月 24 日，“嫦娥一”号发射成功。2007 年 11 月 5 日，“嫦娥一”号顺利进入环月轨道，“嫦娥一”号成为中国第一颗月球卫星。2007 年 11 月 7 日，“嫦娥一”号卫星进行绕月探测活动，并向地面传回 30 首歌曲。2007 年 11 月 7 日，开始传回探测数据，完成第一幅月面图像。2008 年 11 月 13 日，发布了““嫦娥一”号卫星所拍摄制作的中国第一幅全月球影像图。2009 年 3 月 1 日，“嫦娥一”号卫星在控制下成功撞击月球。

“嫦娥”号探月卫星拍摄的月球影像图

“嫦娥一”号还有一颗姐妹星——“嫦娥二”号卫星，已于2010年10月1日18时59分57秒在西昌卫星发射中心发射成功，并准确入轨，开始其科学研究使命。它原本是“嫦娥一”号的备份卫星，因此两颗星在外形和重量上并没有太大差别。不过它的绕月飞行轨道将由“嫦娥一”号时的200千米高度降低到100千米，这样它就能把月球看得更清楚了。“嫦娥二”号还将对月球表面元素分布、月壤厚度、地月空间环境等做更进一步的科学探测。

“嫦娥一”号发射的成功标志着我国的航天事业迈向了一个崭新的阶段，而且它给我们的航天事业留下了许多珍贵资料：首先它发现了月球正面的“玉兔”火山、“吴刚”撞击坑以及月球背面的撞击盆地；由“嫦娥一”号拍摄数据制作完成的“中国第一幅全月球影像图”，覆盖了月球西经180度到东经180度，南北纬90度之间的范围。这是世界上已公布的月球影像图中最完整的一幅影像。而且还绘制了目前国际上平面与高程分辨率最高、数据精度最高的全月球三维数字地形图等等。

“嫦娥一”号的成功对我们国家有着极其重要的意义。

首先，在政治上，“嫦娥一”号发射成功体现出了中国以科技为基础的强大的综合国力，是中国软实力提升的又一标志。

其次，在经济上，航天技术将带动信息产业、材料产业、能源产业、微机电等其他新产业的发展，这对于促进中国社会经济的发展具有重要意义。

第三，在军事上，表明我国的航天技术已经日臻成熟，在空间领域中我国已经具有一定的实力，从而提升了军事实力以及国际地位。

第四，在科学技术上，“嫦娥”工程促进中国基础科学的全面发展。如航天学、行星学、月球科学、空间物理学、材料科学、环境学等学科的发展，它们的发展必将推动航天技术的发展。

第五，从文化领域来看，“嫦娥一”号的发射成功具有重要的启蒙意义。打破了原先人类的思维与身躯受地心引力的束缚的固有定式，推动了文化的发展，从而开阔了人们的视野，把人们的认识带向了一个新的空间。

“嫦娥”工程仍在进行之中，相信通过努力会有更清楚的月球出现在我们面前。

月球表面的撞击坑

在火星上搜寻生命

火星阿瑞斯平原上几十亿年前曾发生特大洪水

火星是一颗富有传奇色彩的行星，到火星上寻找生命成为人类的愿望；届时火星不仅将成为人类登陆外星的第二站，而且火星基地的建立将为“人类移民火星”计划的启动创造条件。人类的另一个家园正在向我们招手致意……

火星的脉冲光

在2001年6月，美国的托玛斯·道宾斯等业余天文爱好者，在佛罗里达州观测并拍摄了火星上的一个光源，这个光源在一分钟内向地球发射1～2次脉冲光，每次持续5秒钟。早在1958年，天文学家就在火星上发现这样一个光源。

火星是一颗与地球环境十分相似的天体。

早在1840年，德国天文学家比尔和马德勒绘制出第一幅带有经、纬线的火星全图。从此，火星生命和火星文明的存在就成为地球人的无限牵挂。

随着世界航天技术的进步，人类已初步掌握了把人送上火星的技术。到底有没有火星人，地球人何时做客火星，这是人类要在21世纪回答的问题。

至今，人类的火星探测历程已近50年。美国和苏联曾向火星发射过23艘宇宙飞船，其中10艘彻底失败；7艘到达火星后没有传回数据；只有6艘传回了人们期待已久的信息。

火星探测之路，按照科学家的设想，要分六步完成。从地球通往火星的路可谓崎岖而漫长。

第一步是派出探测器掠过火星。上世纪六十年代，苏联发射了第一颗飞往火星的探测器——“火星1”号。它被普遍认为是火星之旅的开始。而美国又先后发射了“水手4”号、“水手5”号和“水手6”号飞船。

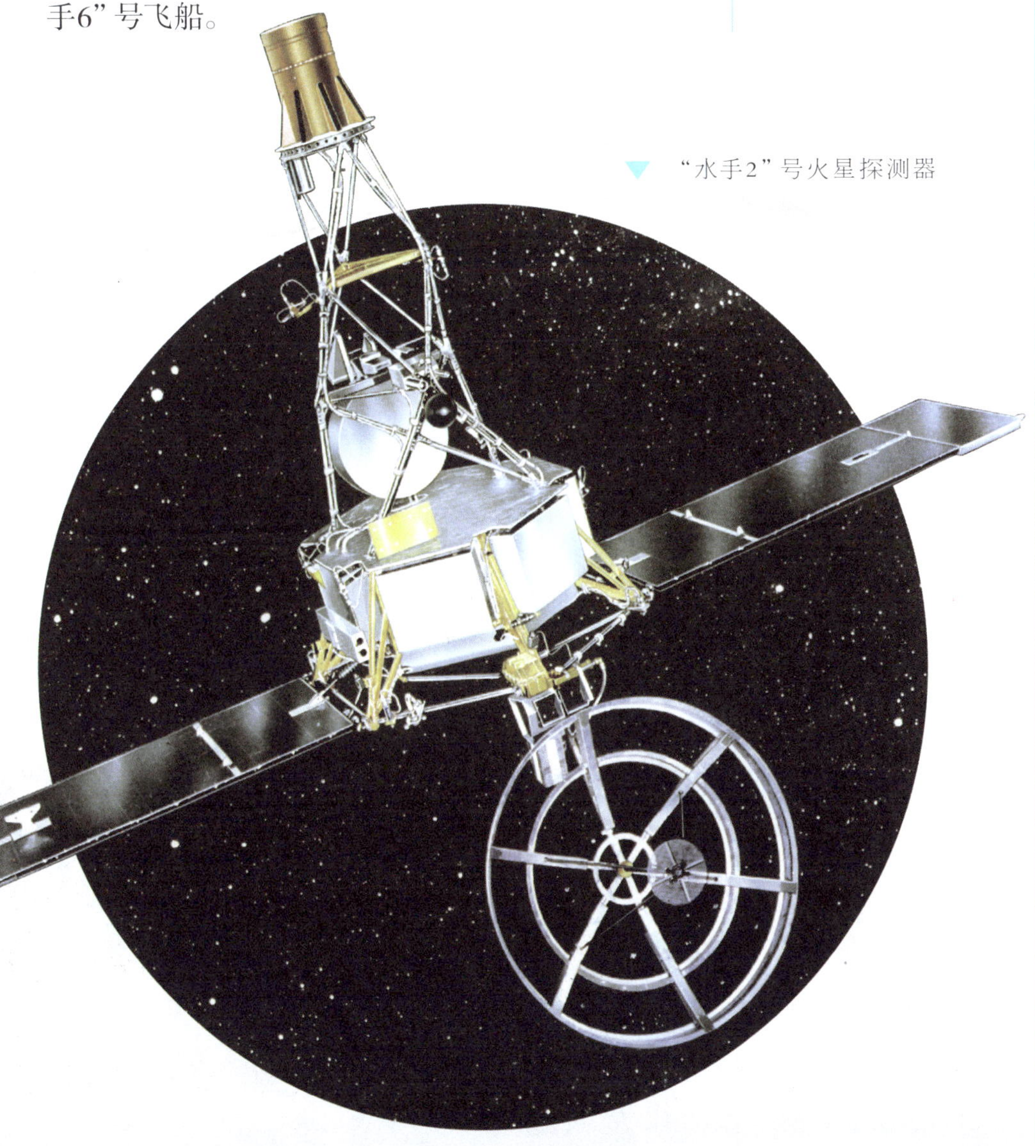

“水手2”号火星探测器

第二步是使探测器被火星的引力俘获，成为火星的卫星，以便环绕火星轨道做长期考察。20世纪70年代，美国的“水手9”号飞船进入火星轨道，成为火星的第一颗人造卫星。发现火星的一个半球有许多环形山，而另一个半球则比较平坦。

第三步是派遣飞船在火星上着陆。1971年，苏联发射的“火星2”号和“火星3”号飞船相继升空。美国“海盗1”号和“海盗2”号飞船的着陆器成功登陆火星。最令人鼓舞的是它确认了火星上曾有过液态水存在的迹象。

第四步是发射火星机器人，使火星车在地球人的控制下行驶，从而实现火星大范围的无人考察。“火星探路者”号是第四阶段的代表，它传回了人们期待已久的信息：火星上有一层稀薄的大气，有山脉、丘陵、甚至还有陨石；阿瑞斯平原上几十亿年前曾发生过特大洪水，那里有经洪流冲击堆积起来的鹅卵石，岩石上还有清晰的水痕……

第五步是派遣一个自动取样的飞船前往火星，把火星上的多种样品送回地球，供科学家研究。1992年5月，俄罗斯研制的火星车在美国的“死亡谷”中进行了试验。日本的火星车蓝图也已经完成。

第六步，即载人火星飞行。火星探测的最终也是最难的阶段。人类计划在2015年前后，派遣男、女宇航员各3名登陆火星。然后在那里建立初步的住人基地。到2035年左右，人类计划建立永久性火星基地。在2050年甚至稍后的时间里，人类的“火星移民计划”将会付诸实施。

或许，人类在火星安家落户的梦想在21世纪就能实现。

▲ 火星探路者号

火星探测器

“水手”号系列火星探测器是美国从1962年7月到1973年11月期间发射的，共十颗。“火星”号系列是苏联发射的，当时他们正处于冷战阶段，对于太空空间的争夺比较激烈。

走向行星际文明时代

"旅行者1"号探测器

太阳系中原先有九大行星，如今却溜走了一颗，剩下的八大行星如同八个神秘的人等待着我们去发掘与探索，人类正从地球文明走向行星际文明时代。

冥王星起初被认为是太阳系中的一颗大行星，但是在2006年8月24日于布拉格举行的第26届国际天文会议中通过第五号决议，将冥王星划为矮行星。在2008年6月，国际天文学会再将冥王星做为子分类矮行星的原型。

木星是一个非常遥远的天体，但它格外明亮，因为它周围有厚厚的稠密大气，其表面常年呈现数条色彩斑斓的彩带和不断变化的红色斑纹区。近些年，科学家们制定了一系列的木星探测计划。

美国在1977年的8月和9月先后发射了"旅行者2"号和"旅行者1"号探测飞船。它们提供了木星系统的新信息：木星的大气是复杂的，由氢和氦组成的稠密大气层之上是色彩斑斓的云层，而且大气的运动很汹涌；还勘测了木星环和木卫一、木卫二、木卫三、木卫四和木卫五。另外，它还发现了3颗新的木星卫星，在木卫一上至少有9座活火山，木卫三的直径达5200千米，是太阳系内最大的行星卫星。

虽然“旅行者”姐妹的探测，把人类对木星的认识向前推进了一大步，但由于木星的云层比较厚，至今仍有许多奇特的现象无法得到合理的解释。

土星是一颗类似于木星的太阳系的第六大行星，到目前，已有多艘宇宙飞船飞掠土星，对其进行了近距离探测。

“卡西尼”号探测器

"旅行者"号探测器，1977年8月20日和9月5日，美国先后发射了旅行者2号和1号探测器，这两个姊妹探测器沿着两条不同的轨道飞行。担负探测太阳系外围行星的任务。

1979年9月1日，"先驱者11"号发现了两个新的外环，土星的第14颗卫星以及土星有磁场、磁层和辐射带。1980年11月13日，"旅行者1"号发现土星中密集而繁多的光环，大小不等，形状不一，互不连接，形成一组环形彩带。在这些光环下面，还发现两条狭窄的短环。

金星是距离地球最近的行星，它在黎明出现时，被人们称为"启明星"；在黄昏出现时，则被称为"长庚星"。它是太阳系内唯一逆转的大行星。

自1961年以来，有十多艘飞船先后对其进行了深入的探测。

1961年，苏联发射了一系列金星探测器。"金星4"号，纪录了不少资料。"金星5"号探测到一道闪光。1970年，"金星7"号第一次在金星上软着陆成功，使人类对金星的探测进入了一个新的阶段。1989年5月，美国研制的新一代金星探测器——"麦哲伦"号，它已经测绘完金星表面积。证明金星上存在着活火山熔岩流、陨石坑、沙丘、高耸的山岭和巨大的峡谷。

现在，科学家们对金星的探测还在继续。

天王星是太阳系内的第三颗大行星，天王星距地球约28亿千米。1986年1月24日，"旅行者2"号飞船飞抵天王星近旁，获得了大量的科学资料。天王星被汪洋大海所覆盖，其深度达8000千米，海水温

"麦哲伦"号探测器

度也高达几千摄氏度。天王星是由彗星构成的。它没有坚实的固体外壳，是在厚密大气包围下的超高温水球，但其内核却是熔化岩心。它有磁场，不过强度较弱。其光环总数有20个左右，且光环之间有环缝，环缝中有颗粒很小的填充物。光环颜色不尽相同，整体来说，光环均较暗。

海王星处在太阳系的边缘，离地球有45亿千米之遥，我们历来对它知之甚少，在地面上观测它只不过是一个亮点。

“旅行者2”号飞船，实现了对海王星的近距离考察。发现了海王星有8颗卫星，有5条光环，其中2条明亮，3条暗淡。经过分析，海王星光环是由彗星碎片构成的。还发现，海王星上空有与地球大城市上空一样的烟雾。科学家认为这是太阳光照射海王星大气中含量高的甲烷形成的。这种光化烟雾在海王星同温层底部形成了一层150千米厚的冰层。

“旅行者2”号对海卫一的探测确认，它是太阳系中最冷的一个天体，表面温度为-240℃。它有三座冰山，而且有的还在活动，曾喷出过冰冻的甲烷或其他冰类物质。科学家认为，海卫一冰火山喷发是由其内部升高的液氮压力引起的。